四川省林业厅科技先导计划重点项目（2006－06－02）、四川省科技项目 (2019YJ0495)、绵阳师范学院硕士点建设经费资助

中国水青冈造林研究

胡进耀　著

中国农业出版社
农村读物出版社
北　京

图书在版编目（CIP）数据

中国水青冈造林研究 / 胡进耀著. —北京：中国
农业出版社，2022.9
　ISBN 978-7-109-30024-8

　Ⅰ.①中…　Ⅱ.①胡…　Ⅲ.①水青冈－造林－研究－
中国　Ⅳ.①S792.160.5

中国版本图书馆 CIP 数据核字（2022）第 171458 号

中国农业出版社出版
地址：北京市朝阳区麦子店街 18 号楼
邮编：100125
责任编辑：张　丽
版式设计：李文强　责任校对：周丽芳
印刷：北京印刷一厂
版次：2022 年 9 月第 1 版
印次：2022 年 9 月北京第 1 次印刷
发行：新华书店北京发行所
开本：700mm×1000mm　1/16
印张：11.25
字数：195 千字
定价：68.00 元

CONTENTS

目 录

4 巴山水青冈林及其次生林植物多样性研究　42

5 不同坡位巴山水青冈成熟林粗死木质残体与林木更新研究　64

11 **林分土壤酶活性季节变化** 　140

12 **林分土壤生态系统土壤呼吸作用研究** 　151

1

绪 论

　　全球气候变暖所导致的生物多样性危机日益严重，许多物种因此面临着生存的危机，有的物种甚至濒临灭绝。为科学评价全球气候变暖对中国水青冈分布、管理与保护的影响，基于 853 个文献分布位点和 11 个环境因子，运用 ArcGis10.2 技术和最大熵（MaxEnt）模型，对中国 7 个水青冈的生境适宜性进行了当前、2070 年 RCP2.6 和 2070 年 RCP8.5 三种气候情形的模拟评价。结果表明：①干季降水量（Bio17）、最冷月最低温度（Bio06）和平均气温日较差（Bio02）3 个环境因子是影响中国水青冈分布的关键因子。②当前中国水青冈高度适宜生境总面积约 78 615.60km²，只有约 9 527.36km² 位于保护区内，被保护率为 12.12%。③在 2070 年 RCP2.6 和 RCP8.5 气候情形下，中国水青冈高度适宜生境面积分别减少 33 386.90km² 和 46 573.50km²；被保护面积分别减少 2 362.22km² 和 5 056.40km²。从以上结果可以得出结论：通过比较当前适宜生境与模拟适宜生境，我们发现在未来全球气候变暖情景下，中国水青冈的适宜生境将丧失 59.24%；被保护面积不断减少，被保护率低于16%；高度适宜生境将往西北方向和高海拔地区移动。因此加大对中国水青冈的保护工作刻不容缓。

　　本书按不同采伐时间和坡位选择 5 个样地，从林地的物种组成、多样性变化、建群种幼苗的光合生产力差异、凋落量及凋落物水文生态功能差异、土壤水源涵养功能差异、土壤肥力差异、土壤碳库等方面较为系统地研究了我国特有的巴山水青冈林皆伐后自然更新过程中群落生态特性的变化。结果如下。

　　（1）四种林型 Gleason 指数、Simpson 指数和 Synthetic 指数变化的趋势基本一致，成熟林≈近熟林＜中龄林＜幼龄林。各个样地的 Pielou 指数与

Shannon-Wiener 指数变化趋势一致，成熟林Ⅰ、近熟林与幼龄林的均匀度最低，中龄林与成熟林Ⅱ达到最高。由于 Shannon-Wiener 指数在处理个体数少于 100 时存在缺陷，与 Gleason 指数和 Simpson 指数的变化趋势差异很大，因此 Synthetic 指数更能反映实际情况。

物种多样性的研究结果可以用中度干扰理论解释。对中上坡位和下坡位巴山水青冈成熟林乔木的径级结构与死木研究表明，下坡位由于光照较少，对下层乔木限制较大。下坡位虽然死亡的下层乔木较多，但由于湿度等原因，幼树数量比中上坡位多。各样地物种多样性与土壤养分、物理性质等有显著的相关性，且大多数呈负相关，为研究它们之间的复杂关系提供了新的证据。

（2）成熟林Ⅰ、成熟林Ⅱ、幼龄林三个样地中，幼龄林中巴山水青冈幼苗的净光合速率最高，其次是成熟林Ⅰ，成熟林Ⅱ最小。三个样地的巴山水青冈幼苗光合能力随生长季节变化的规律是一致的：生长盛期＞生长初期＞生长末期，且后两个阶段光合指标波动较大，CO_2 补偿点也较高。巴山水青冈幼苗的光合日变化为单峰型曲线。说明水分和光照与巴山水青冈幼苗更新密切相关，下坡位比中上坡位更适合巴山水青冈幼苗生长。

（3）5 个样地中，凋落物层年凋落量大小关系为：成熟林＞近熟林＞中龄林＞幼龄林；含水量成熟林＞近熟林＞中龄林＞幼龄林，与凋落量情况一致。从坡位上来说，年凋落量和含水量成熟林Ⅰ＞成熟林Ⅱ；巴山水青冈林具有明显的凋落高峰期，呈现单峰型曲线。各样地一年中凋落量大小的顺序是：11 月＞9 月＞7 月＞5 月。各样地的蓄积量多少与年凋落量有一些差异。用浸泡法测定 5 个样地的凋落物的持水性能，结果表明，从凋落物持水率的角度来看，幼龄林的凋落物持水率最高，而成熟林Ⅱ的凋落物持水率最低。综合凋落物层蓄积量、持水率和自然含水率三个方面的结果，最大持水量：成熟林Ⅰ＞成熟林Ⅱ＞近熟林＞中龄林＞幼龄林；最大拦蓄量：成熟林Ⅱ＞成熟林Ⅰ＞近熟林＞中龄林＞幼龄林；有效拦蓄量：成熟林Ⅱ＞成熟林Ⅰ＞近熟林＞中龄林＞幼龄林。

（4）在 0～20cm 和 20～40cm 土层中，土壤容重的特征是成熟林Ⅰ＜近熟林＜成熟林Ⅱ＜中龄林＜幼龄林，非毛管孔隙度的大小则与此相反，成熟林Ⅰ的非毛管孔隙度最高，反映其具有良好的土壤结构。巴山水青冈林下植被持水率大小存在一定差异，其大小依次是成熟林Ⅰ＞近熟林＞成熟林Ⅱ＞中龄林＞幼龄林，0～20cm 土壤持水能力要高于 20～40cm 的。各样地 0～20cm 土壤排水能力均高于 20～40cm 土壤，成熟林Ⅱ的排水能力高于成熟林Ⅰ。巴山水青冈林 0～20cm 土层的初渗值均高于 20～40cm，各样地之间初渗值的关系是成熟林Ⅰ＞近熟林＞成熟林Ⅱ＞中龄林＞幼龄林，其中成熟林Ⅱ和近熟林比较接近、中龄林和幼龄林较为接近。

（5）各林型的土壤自然含水率变化特点如下：时间变化特点为 7 月＞5 月＞11 月＞9；林型类型变化特点为成熟林Ⅰ＞近熟林＞成熟林Ⅱ＞中龄林＞幼龄林，且各生长季间变化幅度为成熟林Ⅱ＞成熟林Ⅰ＞近熟林＞中龄林＞幼龄林；从土层深度差异分析发现，0～20cm 自然含水率均高于 20～40cm 土层。各林型之间 0～20cm 土壤自然含水率的变化值幅度大于 20～40cm 土层。在同一样方内，0～20cm 和 20～40cm 两层土壤之间自然含水率差异最大的是成熟林Ⅱ，最小的是幼龄林，其后依次是近熟林、成熟林Ⅰ和中龄林。

各生长季节样地间 0～20cm、20～40cm 土层土壤有机质、全氮、碱解氮、铵态氮、硝态氮、全磷、速效磷、全钾、速效钾含量均为成熟林Ⅰ＞近熟林＞成熟林Ⅱ＞中龄林＞幼龄林，且 0～20cm 土层含量高于 20～40cm 土层，不同生长季节土壤养分含量存在明显的差异，均为 9 月＞5 月＞11 月＞7 月。巴山水青冈成熟林及其天然次生林 0～40cm 土层土壤物理性质与养分含量之间相关性较好。容重与碱解氮、铵态氮、硝态氮、全磷、速效磷、全钾和速效钾含量呈显著或极显著负相关；全氮与容重负相关，而与总孔隙、毛管孔隙、非毛管孔隙、通气孔隙度、毛管持水量、非毛管持水量、初渗系数和稳渗系数呈正相关，但相关性不显著；毛管持水量与全氮、碱解氮、全磷、速效磷和全钾呈正相关，非毛管持水量与所有的养分指标都呈正相关，但均不显著；毛管持水量与铵态氮、硝态氮和速效钾呈显著正相关；土壤有机质与容重负相关，与毛管持水量极显著正相关，与其他物理指标呈显著正相关；其余各养分与土壤物理性质之间均呈显著或者极显著正相关关系。

（6）土壤有机碳总量（C_T）、土壤水溶性碳含量（C_{WS}）、土壤活性有机碳（C_A）在各生长季节均为成熟林Ⅰ＞近熟林＞成熟林Ⅱ＞中龄林＞幼龄林，且各样地 0～20cm 土层土壤有机碳总量均高于 20～40cm 土层，而且不同生长季节各样地土壤有机碳总量具有相同的变化规律，表现为 9 月＞5 月＞11 月＞7 月。巴山水青冈 4 种林型 0～40cm 土层土壤稳态碳含量与有机碳总量比值变化幅度依次是 5 月（平均为 0.898）＜7 月（平均为 0.899）＜11 月（平均为 0.899）＜9 月（平均为 0.900）。巴山水青冈成熟林采伐更新后土壤碳库管理指数下降，且下降的百分比顺序为：近熟林＜中龄林＜幼龄林。各更新样地生长季节内 0～40cm 土层碳库管理指数呈现出明显的时间变化规律，即 9 月＞7 月＞5 月＞11 月。

7 月巴山水青冈 5 个样地 0～20cm 土层，土壤容重、总孔隙、毛管孔隙、通气孔隙度、毛管持水量和初渗系数总体上均与土壤水溶性有机碳（C_{WS}）、活性有机碳（C_A）、稳态碳（C_{UA}）、水溶性有机碳与有机碳总量的比值（C_{WS}/C_T）、稳定碳与有机碳总量的比值（C_{UA}/C_T）、碳库活度（A）、碳库管理指数（CPMI）之间存在显著或极显著相关（仅非毛管孔隙与 C_{UA} 相关性不显著），而与活性有机碳（C_A）含量与有机碳总量（C_T）的比值（C_A/C_T）之间相关性不显著；非毛管持水量与所有碳库指标的相关性均不显著，非毛管孔隙和稳渗系数与 C_{UA}/C_T 和 A 相关性不显著；土壤容重与 C_{WS}、C_A、C_{UA}、C_A/C_T、A、CPMI 之间呈负相关关系，而与 C_{UA}/C_T 呈正相关关系；总孔隙、非毛管孔隙、初渗系数、稳渗系数与 C_{WS}、C_A、C_{UA}、C_A/C_T、A、CPMI 之间呈正相关，而与 C_{UA}/C_T 呈负相关。

（7）巴山水青冈成熟林及 3 个天然更新林之间土壤脲酶活性、土壤蔗糖酶活性、土壤磷酸酶活性、过氧化氢酶在各月份的变化特点为成熟林Ⅰ＞近熟林＞成熟林Ⅱ＞中龄林＞幼龄林，且各样地 0～20cm 土层土壤酶活性均高于 20～40cm 土层。不同时期各样地土酶活性具有一定的差异，表现为 9 月＞7 月＞5 月＞11 月。

（8）巴山水青冈林地土壤呼吸作用变化存在明显的季节动态，且为单峰型，即从 4 月开始，土壤呼吸作用逐渐增强，至 8 月土壤呼吸作用达到全年最强，土壤呼吸速率月均值达到 $2.78\mu mol \cdot m^{-2} \cdot s^{-1}$，此后土壤呼吸作用逐渐减弱。巴山水青冈林土壤呼吸作用日动态表现为单峰型曲线形式，一般 14:00—15:00 土壤呼吸作用最强，而凌晨 5:00 左右土壤呼吸作用最弱。土壤呼吸作用强弱日变化动态与 5cm 土壤温度动态一致，而稍滞后于地表温度日变化动态。皆伐迹地土壤呼吸速率日变化幅度高于巴山水青冈林地。皆伐迹地土壤呼吸速率最高值出现在 14:00 左右，而林地出现在 15:00—16:00，最小值都出现在凌晨 5:00 左右；与林地相比，皆伐迹地土壤呼吸速率比林地早约 1h 达到最高峰值，温度与土壤呼吸速率极显著相关（$P<0.01$）。

研究结果说明，坡位对于巴山水青冈幼苗更新和生长有很大的影响，下坡位比中上坡位更适合巴山水青冈幼苗生长。保护巴山水青冈林对于提高林下地表枯落物层水文生态功能，增加林地土壤水源涵蓄功能和减少地表径流损失，提高林地土壤自然含水量、养分含量，提高土壤酶活性，增加各形态碳素含量和碳库指数，改善土壤结构等方面有重要的作用和意义。适当的干扰可增加水青冈林的生物多样性，但会减弱水青冈林的生态功能。研究结果为保护巴山水青冈林及巴山水青冈天然次生林更新过程中林地土壤的科学管理提供依据，也为巴山水青冈造林提供参考。

气候变化背景下中国水青冈的分布

近年来，人们对气候变化越发关注，并且意识到气候在短短的 10 年内都有突变的可能（程海，2004）。根据政府间气候变化专门委员会（The Intergovernmental Panel on Climate Change，IPCC）第五次评估报告（The Fifth Assessment Report，AR5）（2013）可知，21 世纪全球平均气温增幅可能超过 1.5～2℃（相比 1850—1900 年），而这一趋势在 21 世纪末仍将持续，最近 3 个十年比 1850 年以来其他任何十年都更温暖。导致全球气候变化的主要原因是人类活动（IPCC，2014）。从区域尺度来看，气候条件是决定物种分布的主导因子（周广胜，2003），气候变化导致温度和区域降水等改变，也使得植物的适宜生境发生改变，迫使植物发生迁移和生态位漂移以响应变化的气候环境，这些响应会导致植物群落结构发生变化，多数物种地理分布格局随之改变，进而对整个生态系统产生重要影响（Barber et al.，2000；Bickford et al.，2011；Maclean & Wilson，2011）。这些都是未来气候变化所带来的不利影响。因此，人们开始应用物种分布模型与 GIS 相结合的方法，对适宜生境变化趋势进行预测，并提出相应的应对措施（Villordon et al.，2006）。

水青冈通常指被子植物门壳斗科水青冈属植物，1735 年，林奈将水青冈属命名为"*Fagus*"，并以欧洲的水青冈作为该属的模式物种（田宇英，2014）。水青冈属（*Fagus*）植物是高大的落叶乔木，作为温带落叶阔叶混交林的优势种，在泛北极植被系统内分布广泛（胡进耀，2009），分布区主要位于东亚、欧亚大陆西部和北美东部等地区，尤其在欧洲和北美，由于其极强的气候适宜性，发展成了顶极植被（刘美华，2008）。水青冈属植物是重要的森林资源，在涵养水源、保持水土、保护生物多样性和维护国土生态安全等方面都发挥着重要的作用，具有极高的科学研究和生产应用价值。中国的水青冈属植物种类极为丰富，在我国主要分布在地形地质条件复杂、气候温和湿润的南方亚热带山地，并呈现不连续的分布格局（吴刚，1997）。中国水青冈的分类尚不完全统一，不同的学者有不同的分类角度，但普遍接受的是，水青冈属在全世界有10～14种，在中国有5～8种（吴刚，1997；黄成就、张永田，1988；郑万钧，1983；中国科学院植物研究所，1983；陈焕镛、黄成就，1983；李景文、李俊清，2005；方精云等，2000；吉成均等，2002）。本研究中使用的中国水青冈包括：长柄水青冈（也叫棒梗水青冈）（*Fagus longipetiolata*）；台湾水青冈（*Fagus hayatae*）；巴山水青冈（*Fagus pashanica*）；米心水青冈（*Fagus engleriana*）；亮叶水青冈（也称光叶水青冈）（*Fagus lucida*）；天台水青冈（*Fagus tientaiensis*）；平武水青冈（亦称钱氏水青冈）（*Fagus chienii*），均为中国特有种，其中台湾水青冈为中国二级保护植物（张雪梅，2017）。

MaxEnt最大熵模型是物种分布模型（Species Distribution Models，SDMs）中的一种。它可以根据物种的已知地理分布，结合各地点的环境因子进行分析运算，找到熵最大的概率分布作为最优分布，从而预测物种的适宜生境（Phillips et al.，2006；Phillips et al.，2008；Tang et al.，2017）。此模型可以在网站上免费获取（http：//www.cs.princeton.edu/～schapire/maxent/）。其因预测精确、运行稳定和使用便捷，在众多物种分布模型中脱颖而出，近年来被大量运用于物种适宜生境预测研究。例如：①运用在气候变化对物种分布影响的研究方面，Cindy Q. Tang等选择古老而珍贵的孑遗物种——珙桐（*Davidia involucrata*），使用其包括化石记录和馆藏标本在内的共203份点位数据，运用MaxEnt最大熵模型，预测和比较了珙桐在当前（1970—2000年）气候条件下、过去（全新世中期、末次冰期冰盛期）气候条件下、未来6种可能的气候条件下的潜在分布区，珙桐在当下的分布区主要位于中国西南部的中高山地区，未来珙桐可能会往西转移到更高的山脉，并指出当下我国的保护区对珙桐当下及未来的有效保护不够充分（Tang et al.，2017）。②运用在预测入侵物种适宜生境及其评价的研究方面，曾辉等（2008）基于MaxEnt模型和全球气候数据，预测了全球适宜橡胶南美叶疫病菌生存的区域，并结合其寄主的分布，推测出了该有害菌的潜在地理分布；雷军成等同样使用MaxEnt模型，根据采样收集得到的加拿大一枝黄花（*Solidago canadensis*）北半球分布数据，预测了加拿大一枝黄花在我国的潜在分布区，结果表明其在我国具有广阔的存活区域，现在的分布区域还远未达到其最大可能分布范围（雷军成、徐海根，2010）。③运用在物种演化迁移的研究方面，于海彬等运用 MaxEnt 模型和最小成本路径算法，成功模拟出长花马先蒿（*Pedicularis longiflora*）在第四纪地质时期的物种迁移路线，为青藏高原地区高山植物第四纪演化历史提供极为重要的理论依据（于海彬等，2014）。不难发现，以往的研究大多局限于某一个或某两个生态位较为敏感的物种，而对处于优势种、建群种的物种研究较少。

为了厘清气候变化背景下中国水青冈整个属植物的分布格局变化与保护效率，本研究基于中国水青冈属植物的地理分布数据，运用 MaxEnt 模型和 ArcGIS 工具对中国水青冈属植物开展适宜生境模拟和保护效率评估。

2.1 研究方法

2.1.1 数据收集

2.1.1.1 物种分布数据

本研究使用的物种地理分布数据主要来自以下 4 方面：①全球生物多样性数据库（http：//www.gbif.org/）的标本记录；②中国数字植物标本馆（http：//www.cvh.ac.cn/）的标本记录；③通过收集整理公开发表的 242 篇相关文献得到的记录；④通过野外调查得到的记录。数据主要以前两者为主，后两者作为补充。

2.1.1.2 环境因子数据

本研究使用的环境因子数据可分为生物气候因子数据和地形因子数据。生物气候因子数据来源于全球气候数据库（http：//worldclim.org/）。分别下载全球气候数据 Version1.4 版的当前气候（1960—1990 年）和未来气候 2070（2061—2080 年）两类数据（Hi jmans，et al.，2010）。未来气候采用 IPCC/CMIP5 提供的 CCSM4 模型 RCP2.6 的数据和 RCP8.5 的数据，即 4 种典型浓度路径（Representative concentration pathway，RCP）中的 CO_2 排放浓度最低和最高情景（Stocker，et al.，2013）。RCP2.6 情景认为到 21 世纪末，全球气温平均升高1℃；RCP8.5情景认为到21世纪末，全球气温平均升高超过2℃。生物气候因子数据的空间分辨率均为30″（约1km）。地形因子数据包括海拔数据、坡度数据和坡向数据。海拔数据来源于美国国家航空航天局发布的全球数字高程模型（http：//srtm.csi.cgiar.org/），分辨率为90m。坡度数据和坡向数据利用高程数据提取获得，分辨率也为90m。

2.1.1.3 研究区边界数据

研究区域为中华人民共和国，中国的边界数据使用的是国家1∶400万基础矢量数据，来源于国家基础地理信息中心（http：//www.ngcc.cn/）。

2.1.2 研究方法

2.1.2.1 数据处理

（1）物种分布数据的处理。对所有标本、文献和野外调查收集得到的物种分布记录进行整理，对于有经纬度的物种分布记录直接使用该经纬度作为物种分布数据，对于没有经纬度坐标的物种分布记录，基于Google Earth地图进行地名查找。进行地名查找时，对于能查找到小地名的记录，则使用小地名的经纬度作为物种分布数据，不能查找到小地名的，只保留能精确到村级行政区的记录，并将村级行政中心所在位置的经纬度作为物种分布数据。为了提高模型的精确度，剔除掉重复和无效的数据后，将这些物种分布数据导入ArcGIS中，以这些物种分布点为中心，1 000m为半径，建立缓冲区，对于缓冲区两两重叠的物种分布点只保留一个，最后共得到853个点位。这些物种分布点数据将被导出，整理保存为CSV格式文件，以备运行模型时使用。

（2）环境因子数据的处理。首先，使用ArcGis10.2（http：//www.esri.com/software/arcgis/）的投影工具，对所有环境因子数据（包括生物气候因子数据和地形因子数据）和中国国家1∶400万比例尺的边界矢量数据进行投影，使其全部统一为WGS1984坐标系。

其次，将所有环境因子通过ArcGis10.2重采样工具进行重采样，使得所有环境因子数据具有统一的空间尺度，分辨率统一为30″（约1km）。

再次，使用ArcGis10.2的裁剪工具，将所有的环境因子数据（包括生物气候因子数据和地形因子数据），按照中国国家1∶400万比例尺的边界矢量数据进行裁剪，使得所有的环境因子数据具有统一的边界。

最后，通过 ArcGis10.2 从处理过的海拔数据中通过坡度提取工具和坡向提取工具，提取获得坡度数据和坡向数据。坡度、坡向数据将自动和处理过的海拔数据保持一致的坐标系、空间尺度和边界。

在本研究中，我们通过 ArcGis10.2 对坡向数据做了重分类处理，使坡度数据的数值范围变成 0~8 之间的整数。每个数值代表一个方向，0 为平地无坡向，1~8 分别对应正北、东北、正东、东南、正南、西南、正西、西北（表 2-1）。

表 2-1　环境变量

数据简称	中文名称	英文名称
Bio1	年平均温度	Annual Mean Temperature
Bio2	平均气温日较差	Mean Diurnal Range
Bio3	等温性	Isothermality
Bio4	温度季节性变动系数	Temperature Seasonality
Bio5	最热月最高温度	Max Temperature of Warmest Month
Bio6	最冷月最低温度	Min Temperature of Coldest Month
Bio7	气温年较差	Temperature Annual Range
Bio8	最湿季平均气温	Mean Temperature of Wettest Quarter
Bio9	最干季平均温度	Mean Temperature of Driest Quarter
Bio10	最热季平均温度	Mean Temperature of Warmest Quarter
Bio11	最冷季平均温度	Mean Temperature of Coldest Quarter
Bio12	年降水量	Annual Precipitation
Bio13	最湿月降水量	Precipitation of Wettest Month
Bio14	最干月降水量	Precipitation of Driest Month
Bio15	降水季节变异系数	Precipitation Seasonality (Coefficient of Variation)
Bio16	最湿季降水量	Precipitation of Wettest Quarter
Bio17	最干季度降水量	Precipitation of Driest Quarter
Bio18	最热季降水量	Precipitation of Warmest Quarter
Bio19	最冷季降水量	Precipitation of Coldest Quarter
dem	海拔	Elevation
slope	坡度	Slope
aspect	坡向	Aspect

表 2 - 2　22 个环境因子的相关性

环境因子	Bio01	Bio02	Bio03	Bio04	Bio05	Bio06	Bio07	Bio08	Bio09	Bio10	Bio11	Bio12	Bio13	Bio14	Bio15	Bio16	Bio17	Bio18	Bio19	aspect	dem	slope
Bio01	1.00																					
Bio02	0.08	1.00																				
Bio03	0.16	0.62	1.00																			
Bio04	0.00	−0.03	−0.73	1.00																		
Bio05	0.87	0.14	−0.17	0.47	1.00																	
Bio06	0.92	−0.12	0.25	−0.32	0.64	1.00																
Bio07	−0.02	0.31	−0.50	0.94	0.46	−0.39	1.00															
Bio08	0.75	0.13	0.05	0.20	0.76	0.63	0.18	1.00														
Bio09	0.92	0.03	0.29	−0.25	0.68	0.92	−0.26	0.53	1.00													
Bio10	0.91	0.05	−0.17	0.41	0.99	0.71	0.37	0.77	0.73	1.00												
Bio11	0.93	0.07	0.40	−0.36	0.65	0.98	−0.36	0.62	0.95	0.70	1.00											
Bio12	0.27	−0.41	−0.07	−0.13	0.12	0.34	−0.26	−0.11	0.45	0.19	0.32	1.00										
Bio13	0.34	−0.24	0.17	−0.30	0.10	0.43	−0.37	−0.07	0.54	0.18	0.44	0.89	1.00									
Bio14	0.33	−0.41	−0.20	0.02	0.25	0.36	−0.12	−0.04	0.47	0.31	0.32	0.88	0.68	1.00								
Bio15	−0.12	0.53	0.61	−0.38	−0.23	−0.08	−0.18	0.08	−0.14	−0.27	0.01	−0.59	−0.24	−0.77	1.00							
Bio16	0.35	−0.24	0.19	−0.33	0.10	0.44	−0.39	−0.09	0.55	0.18	0.45	0.90	0.98	0.68	−0.23	1.00						
Bio17	0.33	−0.39	−0.22	0.07	0.27	0.34	−0.07	−0.04	0.46	0.33	0.30	0.89	0.69	0.99	−0.78	0.69	1.00					
Bio18	0.13	−0.27	0.34	−0.52	−0.18	0.33	−0.59	−0.06	0.33	−0.02	0.32	0.73	0.81	0.45	−0.04	0.81	0.45	1.00				
Bio19	0.37	−0.33	−0.19	0.05	0.30	0.36	−0.06	−0.06	0.53	0.36	0.35	0.91	0.74	0.96	−0.74	0.74	0.98	0.44	1.00			
aspect	0.08	0.00	−0.01	0.02	0.09	0.07	0.03	0.02	0.07	0.08	0.07	0.06	0.06	0.08	−0.04	0.06	0.07	0.00	0.00	1.00		
dem	−0.83	0.11	0.33	−0.42	−0.91	−0.66	−0.32	−0.70	−0.68	−0.93	−0.63	−0.22	−0.16	−0.38	0.42	−0.14	−0.40	0.12	−0.42	−0.06	1.00	
slope	−0.31	0.02	0.09	−0.11	−0.33	−0.26	−0.09	−0.27	−0.27	−0.33	−0.25	−0.03	−0.02	−0.09	−0.09	−0.03	−0.10	0.05	−0.11	0.04	0.36	1.00

（3）模型运行因子筛选。因为环境因子数据之间存在着一定的相关性，这会对模型模拟的结果造成一定影响（Yang et al.，2013），所以为了提高模型预测结果的精确度，需要对 22 个环境因子进行筛选。首先，利用 ArcGIS 中的 Extraction 工具提取每个物种分布点的所有环境因子数值，即每个点提取得到 22 个数值，将结果导出保存为 csv 格式文件。其次，使用 R 软件对所有物种分布点的环境因子数值进行相关性分析，结果见表 2-2。对于相关性的绝对值超过 0.8 的两个因子，两者选一，使得剩余的环境因子存在较低的相关性，并考虑到极端气候对物种的制约性，最后保留下来的环境因子是 Bio2、Bio3、Bio5、Bio6、Bio7、Bio8、Bio14、Bio15、Bio16、Bio17、Baspect、Bslope。最后，利用 ArcGis10.2 将筛选出来的环境因子数据转换为 ASCII 格式，与 csv 格式的物种分布数据一同导入 MaxEnt3.4.1 中运行。

2.1.2.2　参数设置

分别对每个树种在不同气候情形下进行预测运算。所有模型参数保持统一。对导入的环境因子，坡向选择为分类数据类型，其余为连续数据类型；所有模型特征都勾选线性特征、二次方程特征、产品特征、关键特征和自动化特征；随机测试百分比为 25%，规则化倍数为 1，最大迭代次数为 5 000，最大背景值为 10 000，重复次数为 10 次，验证方法为交叉验证，其他设置为默认数值。

2.1.2.3　模型精确性评估

所有模型都创建受试者工作特征曲线（receiver operating characteristic curve，ROC），以受试者工作特征曲线下面积（area under the receiving operator curve，AUC）衡量模型准确度（王运生等，2007），ROC 曲线是以假阳性率（在已知物种发生点中预测不适合发生点的比率）为横坐标，以真阳性率（在已知物种发生点中预测适合发生点的比率）为纵坐标所形成的曲线，ROC 曲线与横坐标构成的封闭面积就是 AUC 值，以 AUC 值的大小来判定模型的准确度，AUC 值越高则表示模型越准确。AUC 值的评估标准为：AUC 在 0.5～0.6，失败（fail）；0.6～0.7，较差（poor）；0.7～0.8，一般（fair）；0.8～0.9，好（good）；0.9～1.0，非常好（excellent）（Swets，1988）。并用 Jackknife 对单因子贡献率做分析，输出模型结果为逻辑值格式，即输出物种分布的概率值（0～1），输出文件格式为 ASCII 格式。

2.1.2.4 适宜生境划分及热点区域

MaxEnt 的运行结果包括各个物种在当前和未来气候情景下的潜在分布模拟图，数值代表物种的分布概率。分布概率值越大，表明生境适宜性越高。为使结果更加可靠，本研究删去了出现概率低于 0.75 的适宜生境，只对出现概率高于 0.75 的高度适宜生境进行分析讨论，并利用 ArcGis10.2 对同一气候情形下中国水青冈属各个种的结果进行空间叠加分析，即将同一气候情境下的 7 个种的高度适宜生境进行合并，得到该气候情形下整个中国水青冈的高度适宜生境分布结果。利用 ArcGIS 中的相交工具获得三种高度适宜生境的交集作为中国水青冈的热点分布区。

2.1.2.5 适宜生境的变化

适宜生境的分布常呈不规则状，其四至边界不容易确定，因此我们用不同情景下适宜生境的几何质心（centroid）的变化来表示气候变化条件下中国水青冈属植物适宜生境的变化方向和变化距离。适宜生境的几何质心通过 ArcGIS10.2 属性表里计算几何质心的经纬度来实现。

2.1.2.6 保护效率评估

本研究中，以各时期高度适宜区占据全国自然保护区的面积和其相应的高度适宜区面积之比作为被保护率，对其被保护效率进行评估。全国自然保护区边界数据来源于中国科学院资源环境科学与数据中心（http：//www.resdc.cn）。

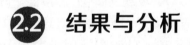

2.2 结果与分析

2.2.1 制约中国水青冈属植物分布的主导环境因子

运行 MaxEnt 后，得到本研究中所有中国水青冈属植物的当前和未来气候情景下的适宜区分布图，MaxEnt 还给出了每个种的最大值、最小值、中间值和均值的分布结果。本研究中后续的处理分析均使用的是模型运行的均值分布结果。在 25％交叉验证下重复计算 10 次得到的平均训练集 AUC 值均高于 0.9，其中最高为 0.994，最低为 0.942，表明模型的精确度较高；刀切法分析了 11 个环境因子的贡献率，各个物种的 AUC 值和各环境因子的贡献率，详见表 2-3。

表 2-3　中国水青冈属植物分布点数量、AUC 值和各环境因子的贡献率

水青冈	点位个数	AUC值	标准差	Bio02	Bio03	Bio05	Bio06	Bio07	Bio08	Bio15	Bio16	Bio17	aspect	slope
巴山水青冈	22	0.970	0.029	42.500	5.300	0.400	14.200	0.800	0.300	1.000	1.100	22.300	4.600	7.400
长柄水青冈	455	0.942	0.005	4.300	3.200	1.600	10.500	3.400	6.900	0.500	12.900	52.800	0.300	3.600
亮叶水青冈	149	0.954	0.021	6.000	5.200	6.100	8.300	1.900	2.100	0.500	9.500	49.900	0.500	9.600
米心水青冈	158	0.958	0.012	44.600	4.300	4.600	18.800	5.400	2.100	0.100	1.000	11.500	0.100	9.000
平武水青冈	19	0.988	0.011	0.600	17.000	0.000	1.000	15.400	0.000	0.000	17.500	23.900	2.500	21.900
天台水青冈	12	0.994	0.009	21.500	6.000	9.500	24.200	0	2.400	26.700	0	8.300	0.900	0.400
台湾水青冈	38	0.983	0.016	35.600	2.400	15.000	0.800	0.300	0.500	1.300	1.100	36.600	1.200	5.100

由表 2-3 可知，长柄水青冈主要受最干季度降水量（Bio17）、最湿季降水量（Bio16）和最冷月最低温度（Bio06）三个环境因子的影响；台湾水青冈主要受最干季度降水量（Bio17）、平均气温日较差（Bio02）和最热月最高温度（Bio05）三个环境因子的影响；巴山水青冈主要受平均气温日较差（Bio02）、最干季度降水量（Bio17）和最冷月最低温度（Bio06）三个环境因子的影响；米心水青冈主要受平均气温日较差（Bio02）、最冷月最低温度（Bio06）和最干季度降水量（Bio17）三个环境因子的影响；亮叶水青冈主要受最干季度降水量（Bio17）、坡度（slop）和最湿季降水量（Bio16）三个环境因子的影响；天台水青冈主要受降水季节变异系数（Bio15）、最冷月最低温度（Bio06）和平均气温日较差（Bio02）三个环境因子的影响；平武水青冈主要受最干季度降水量（Bio17）、坡度（slop）和最湿季降水量（Bio16）三个环境因子的影响。

根据贡献率大小和频次，我们认为最干季度降水量（Bio17）、最冷月最低温度（Bio06）和平均气温日较差（Bio02）三个环境因子是制约中国水青冈属植物分布的主导环境因子。

2.2.2 中国水青冈各气候情形下的高度适宜生境

用 ArcGis10.2 将所有树种在当前、2070 年 RCP2.6 和 RCP8.5 三种气候环境情形下，模型运算得到的高度潜在区分别进行合并，得到当前、2070 年 PCP2.6 和 RCP8.5 三种气候环境情形下中国水青冈高度适宜生境。当前中国水青冈高度适宜生境主要集中于四川省与甘肃省、陕西省、重庆市、湖北省交界处，四川省中南部与东北部；零星分布于贵州省、湖南省、广西壮族自治区、广东省交界地带，浙江省东部、南部；云南省东北部、台湾地区、江西省、福建省和安徽省亦有少量分布，总分布面积约 78 615.60km²。2070 年 RCP2.6 气候情形下中国水青冈高度适宜生境主要集中于四川省中南部与东北部、以及四川省与甘肃省、陕西省、重庆市交界处，还有湖北省西部地区，零星分布于贵州省、湖南省、广西壮族自治区、广东省交界地带，云南省东北部、浙江省与福建省交界处和安徽省与湖北省交界处，江西省亦有少量分布，值得注意的是，此种气候情形下在西藏东部地区出现了明显的新的高度适宜生境。总分布面积约 45 228.70km²。2070 年 RCP8.5 气候情形下中国水青冈高度适宜生境主要集中于四川省东北部、中南部，陕西省南部、甘肃省东南部、重庆市北部、湖北省西北部、云南省东北部、西藏自治区东部地区；其余在台湾地区、广西壮族自治区、广东省、湖南省、江西省、浙江省、安徽省仅存极少量零星分布，另外我们发现在山东省东北部也出现了极少量高度适宜生境，总分布面积约 32 042.10km²。

通过叠加分析，不难发现，四川省东北部、中南部，以及陕西省南部、甘肃省东南部、重庆市北部、湖北省西北部是中国水青冈分布的热点区域。此外，相较当前气候情形，中国水青冈在未来气候环境背景下高度适宜生境面积在不断减少，在 RCP2.6 背景下面积减少了约 33 386.90km²，减少了约 42.47%；在 RCP8.5 背景下面积减少了约 46 573.50km²，减少了约 59.24%。而在各种气候背景下都有高度适宜生境分布的热点地区面积仅有约 13 832.70km²。在高海拔地区如西藏东部出现了新的高度适宜生境，另外在高纬度地区如山东省东北部也出现了新的高度适宜生境。

计算三种气候情形下中国水青冈高度适宜生境的几何质心，可以发现，相较当前气候条件下的几何质心，中国水青冈在 2070 年 RCP2.6 气候情形时，其几何质心往西北方向移动了约 284.66km；当气候情形变为 2070 年 RCP8.5

时，中国水青冈的几何质心相较当前气候条件下的质心往西北方向移动了约472.81km。各气候背景下的面积和质心变化详见表2-4。

表2-4　中国水青冈面积和质心变化

类型	面积 (km^2)	相较目前减少面积 (km^2)	相较目前减少 (%)	相较目前质心变化方向	相较目前质心变化距离 (km)
目前	78 615.60	0	0		
RCP2.6	45 228.70	33 386.90	42.47	西北	284.66
RCP8.5	32 042.10	46 573.50	59.24	西北	472.81

2.2.3　被保护效率

通过叠加全国国家级保护区矢量边界，利用相交工具进行空间分析，结果表明：中国水青冈当前高度适宜区面积约为 78 615.60km^2，只有约9 527.36km^2 位于保护区内，被保护率为12.12%；而在2070年RCP2.6气候情形下，中国水青冈高度适宜区面积约为 45 228.70km^2，有约 7 165.14km^2 位于保护区内，被保护率为15.84%；而在2070年RCP8.5气候情形下中国水青冈高度适宜区面积约为32 042.10km^2，有约4 470.96km^2 位于保护区内，被保护率为13.95%；中国水青冈热点区域面积约为 13 832.70km^2，有约1 683.06km^2 在保护区内，被保护率为12.17%；整体来看，中国水青冈被保护率偏低（表2-5）。

表2-5　中国水青冈面积和被保护率

类别	面积 (km^2)	被保护面积 (km^2)	被保护率 (%)	相较目前减少面积 (km^2)	相较目前减少 (%)
目前	78 615.60	9 527.36	12.12	0	
RCP2.6	45 228.70	7 165.14	15.84	2 362.22	24.79
RCP8.5	32 042.10	4 470.96	13.95	5 056.40	53.07
热点地区	13 832.70	1 683.06	12.17		

2.3 讨论

生态位观点认为物种或种群在一定的时间空间下，其所占据的生态系统位置以及与其他种群的关系是相对稳定的（Hutchinson，1995）。当环境因子改变后这种稳定就可能会被打破，小到物种大到生态系统都将改变自身组织结构及功能以适应环境的变化，而植物作为生态系统的生产者，对全球气候的变化十分敏感（方精云等，2018）。从本次研究结果来看，中国水青冈对最干季度降水量（Bio17）、最冷月最低温度（Bio06）和平均气温日较差（Bio02）三个环境因子十分敏感；在温室气体排放持续增加，气候环境不断变暖的情形下，中国水青冈的高度适宜生境将减少59.24%，被保护率仅有13.95%，虽然中国水青冈极可能做出往北迁移和往高海拔地区迁移的策略以响应气候变化；但笔者对中国水青冈从实际自然迁移的角度能否在2070年迁移到这些新增的适宜生存的高度适宜生境持怀疑态度。下一步我们可以对中国水青冈的自然迁移速率进行研究，以期弄清其实际与理论可能的差距。

中国水青冈是北半球温带和亚热带落叶阔叶林的重要优势种和建群种，具有意义非凡的生态价值（周浙昆，1999）。另外中国水青冈还富有极高的经济价值，首先因其纤维长度和长宽比大，差异壁厚，不易变形，富有光泽，花纹典雅等特点被作为中高档木材广泛应用于建筑、家具、地板、装饰等行业，其木制品往往畅销世界（王兴邦，2003）；其次据中国林业科学研究院林业研究所的调查分析，中国水青冈还是一种比大豆含油率高近一倍的优良木本油料植物，其产油呈淡黄色半透明，可用于食用及轻工业原料，种子营养丰富，以光叶水青冈种子为例，除含油49.42%外，尚含有14.13%的蛋白质和17.75%糖分。加之以其作为雅利安部落文字刻录的载体的悠久的历史价值（胡进耀，2009），因此，其在中国乃至世界林木业市场上占有重要地位。而根据本研究结果来看，中国水青冈热点区域面积仅13 832.70km²，而且高度适宜生境面积不断丧失，被保护率偏低，所以很有必要考虑加大对中国水青冈的保护力度。

最大熵模型近年来运用广泛，虽然有学者认为该模型的参数复杂度会对结果产生影响（朱耿平、乔慧捷，2016），但就该模型的准确性来说已经得到广泛认同，而且使用便捷，只需要提供物种分布点数据和相应研究区域的环境信息就可以得到较为精确的结果，这是其他物种分布模型所欠缺的，尤其是样本数据越少，其预测效果比其他模型更好（Hernandez et al.，2006；Pearson et al.，2007）。本研究基于中国水青冈 7 个种共 853 个点位，和 11 个环境因子，在 25％交叉验证下重复计算 10 次得到的平均训练集 AUC 值均高于 0.9，表明研究结果可信度很高。

目前，模型预测研究中大多基于单个种，基于整个属的研究较少。从整个属的角度开展预测研究，不仅系统完善了水青冈属植物的研究，而且对于在整个属的水平上进行模型预测研究具有极其深远的意义。在生态系统中，各个物种间、群落间共同发挥着复杂的系统功能，用生态位关系更密切的物种来进行气候变化和生态系统响应研究可能是一个更有参考意义的方向。

巴山水青冈组培育苗研究

目前，我国水青冈木材广泛用于装饰板、贴面板、地板、墙板、胶合板、家具和建筑材料等，同时还是很好的油料树种。在林业生产上，一方面由于水土流失、环境污染日趋严重，引致森林资源衰竭；另一方面人为对森林资源过度采伐，这些都造成了水青冈属植物数量急剧减少。水青冈属植物的木材多为珍贵木材，由于历史的原因和传统的生产习惯，目前，以水青冈属植物为原料的产品，在国际、国内市场供不应求，除了精加工方面还存在问题外，主要原因是现存资源贫乏，不利于产业化生产，所以加速水青冈属植物的繁殖，一方面可促进我国创汇林业的发展，另一方面可改善生态环境，有助于可持续林业的形成和发展。在生产上，水青冈属常用种子繁殖。利用种子繁殖会使实生苗群体内存在遗传分化，实生繁殖分化大，使种苗生产成为该科植物产业开发的瓶颈。为了选育生长一致性较好的种苗，对生物量大和精油含量高的优良单株进行繁殖显得十分必要。

综上所述，现有技术存在的问题是：由于水青冈具有较高的经济价值，目前被广泛开发利用，造成资源贫乏，在市场上供不应求；种子繁殖发芽率低，自然发芽率不足 3%，人工处理发芽率仅 30%；种子繁殖遗传分化大，不能保持母株优良性状，且种苗生长一致性差。

针对现有技术存在的问题，项目组开展了巴山水青冈组培研究。

3.1 材料与方法

3.1.1 试验材料

本试验所用材料采自四川南江米苍山国家森林公园的野生巴山水青冈幼苗。将采来的巴山水青冈幼苗移栽于生物试验田（因原产地春季气温低，发芽晚）。3—5月萌发新芽较多，所取外植体为生长健壮、无病虫害的茎段和叶片。

3.1.2 研究方法

3.1.2.1 材料预处理

流水冲洗约1h后，用去污粉浸泡10min，然后流水冲洗10min，在无菌条件下用70%～75%酒精表面消毒30s，经过不同消毒方式消毒后（表3-1），再立即用无菌水冲洗8次左右，将叶片切成约5mm² 大的小块，叶背面接触培养基并接种在培养基上；将茎段切成1～2mm长的小节接种在培养基上。每个培养基接种2个外植体进行启动培养。

表3-1 外植体消毒的不同方式

消毒方式	消毒时间（min）
0.2%HgCl₂	7
6%次氯酸钠	7
0.2%HgCl₂＋吐温80	7
5%次氯酸钠＋1% HgCl₂	7
0.2%HgCl₂＋吐温80	3
0.2%HgCl₂＋吐温80	5
0.2%HgCl₂＋吐温80	7
0.2%HgCl₂＋吐温80	9
0.2%HgCl₂＋吐温80	12

3.1.2.2 培养条件

培养基 pH 为 5.8～6.0。培养箱条件为：温度（25±2）℃，空气湿度 40%～70%，光照时间 12h/d，光照强度 2 000～3 000lx。

3.1.2.3 试验设计

（1）愈伤组织的诱导。单因子试验：研究生长素（2,4 - D、NAA）、碳源（蔗糖、白糖、葡萄糖）、TDZ 对外植体愈伤组织诱导的影响，基本培养基类型（MS、B5、WPM）对外植体愈伤组织诱导的影响（表 3 - 2）。L_9（3^4）正交试验：研究不同种类激素浓度及配比对愈伤组织启动培养的影响（表 3 - 3、表 3 - 4）。

表 3 - 2　不同营养条件对愈伤组织诱导及分化影响的单因子试验

处理	1	2	3	4	5	6	7	基本培养成分或附加物质
取材季节（月）	3	4	5	6	7	11	12	MS+6 - BA1.0+NAA3.0+3%蔗糖
培养基	1/2MS	MS	B5	WPM				6 - BA1.0+NAA3.0+3%蔗糖
NAA（mg·L^{-1}）	0.5	1.0	2.0	3.0	4.0	5.0		MS+6 - BA1.0+3%蔗糖
2,4 - D（mg·L^{-1}）	0.1	0.2	0.5	1.0	2.0	4.0		MS+6 - BA1.0+3%蔗糖
6 - BA（mg·L^{-1}）	0.1	0.5	1.0	2.0	4.0			MS+3%蔗糖
KT（mg·L^{-1}）	0.5	1.0	2.0	3.0				MS+3%蔗糖
TDZ（mg·L^{-1}）	0.05	0.1	0.5	1.0	1.5			MS+6 - BA1.0+3%蔗糖
蔗糖（g·L^{-1}）	20	30	40	50	60			MS+6 - BA1.0+NAA3.0
白糖（g·L^{-1}）	20	30	40	50	60			MS+6 - BA1.0+NAA3.0
葡萄糖（g·L^{-1}）	20	30	40	50	60			MS+6 - BA1.0+NAA3.0

表 3 - 3　茎段愈伤组织启动培养激素配比的正交设计因素水平

水平	2,4 - D（mg·L^{-1}）	6 - BA（mg·L^{-1}）	蔗糖（g·L^{-1}）
1	0.5	0.5	20
2	1.0	1.0	30
3	2.0	1.5	40

注：基本培养基为 MS。

表 3-4　叶片愈伤组织启动培养激素配比的正交设计因素水平

水平	NAA (mg·L^{-1})	6-BA (mg·L^{-1})	蔗糖 (g·L^{-1})
1	0.5	0.5	25
2	1.0	1.0	30
3	2.0	1.5	35

注：基本培养基为 MS。

（2）愈伤组织的分化。先采用单因子试验，研究细胞分裂素（6-BA、KT、TDZ）、有机附加物质对愈伤组织分化的影响（表 3-2）；再采用 L$_9$(3^4)正交试验，研究激素及碳源浓度配比对愈伤组织分化的影响（表 3-5）。

表 3-5　不同激素浓度及配比对愈伤组织芽分化的正交设计因素水平

水平	NAA (mg·L^{-1})	6-BA (mg·L^{-1})	蔗糖 (g·L^{-1})
1	3.0	0.5	20
2	4.0	1.0	30
3	5.0	1.5	40

注：基本培养基为 MS。

（3）愈伤组织生物量的研究。先采用单因试验，研究不同浓度碳源（蔗糖、白糖、葡萄糖）对茎段愈伤组织生物量的影响（表 3-2）。再采用 L$_9$(3^4)正交试验，研究激素浓度配比对茎段和叶片愈伤组织生物量的影响（表 3-3、表 3-4）。

（4）生根培养。研究了不同 NAA 浓度（0.5mg·L^{-1}、1.0mg·L^{-1}、1.5mg·L^{-1}、2.0mg·L^{-1}）对芽生根的效应。

3.1.2.4　愈伤组织生长情况统计

（1）愈伤组织生长势。愈伤组织用生长诱导值评估。接种后分别在第30d、20d 调查茎段和叶片的成活率、成愈率、愈伤组织生长势和愈伤组织启动天数。愈伤组织生长势采用等级得分法，长势旺盛记100、良好记80、一般记60、较差记40、差记20。茎段愈伤组织生长诱导值＝（成活率＋成愈率＋生长势）/3，30d 后观察统计；叶片愈伤组织生长诱导值＝（成活率＋成愈率＋生长势）/3，20d 后观察统计。

愈伤组织的分类：类型Ⅰ结构紧密，生长较慢，容易分化成苗，称为保守分裂型；类型Ⅱ结构松脆，生长旺盛，色泽鲜艳，增殖很快，称为亢进分裂型；类型Ⅲ结构疏松，生长缓慢，色泽暗淡，称为衰败型（图 3-1）。当然，在这 3 种类型之间还存在着许多过渡类型，例如，胚性细胞就是处于类型Ⅰ和类型Ⅱ之间的一种细胞类型。值得注意的是，类型Ⅰ和类型Ⅱ之间在一定程度上可以相互转变，衰败型细胞在一定程度上也可得到控制。

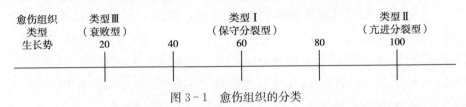

图 3-1　愈伤组织的分类

（2）愈伤组织生长情况统计计算公式。

污染率（%）=污染外植体个数/接种外植体个数×100%

成活率（%）=成活外植体个数/未污染外植体个数×100%

成愈率（%）=愈伤组织个数/未污染外植体个数×100%

（3）愈伤组织生物量（鲜干重）的称量。茎段愈伤组织在培养 30d 后取鲜样称量其鲜重，在 65℃烘箱里烘干至恒重称量其干重；叶片愈伤组织在培养 20d 后取样。

鲜重增长率=（收获鲜重−接种鲜重）/接种鲜重×100%

干重增长率=（收获干重−接种干重）/接种干重×100%

接种干重=接种鲜重×折干率

折干率=$\sum$ 收获干重 $/\sum$ 收获鲜重

3.1.2.5　数据处理

本研究的所有研究数据通过 Excel2003 和 SPSS 软件进行统计分析。

3.2　研究结果

3.2.1　无菌体系的建立

3.2.1.1　不同处理方式对外植体污染的影响

消毒是植物组织培养的一个重要环节。在自然条件下作为植物的外植体材料，不管内部还是外部都带有很多的细菌和霉菌，因此为了让外植体能够在无菌的条件下生长，消毒成了组织培养一个必不可少的步骤。不同的植物在自然条件下所带的菌不一样，这样所采取的消毒方式也有所不同。因此植物组培材料要选择好消毒剂及其消毒方式（即消毒剂的浓度和消毒时间）。

（1）不同消毒剂对外植体消毒效果的影响。采用 4 种不同的消毒方法进行消毒，接种于 MS＋6‑BA 0.5mg·L^{-1}＋NAA 2.0mg·L^{-1}＋蔗糖 30g·L^{-1}的培养基上，统计获得的无菌外植体个数。试验结果见表 3‑6。其中 0.2％ $HgCl_2$＋吐温 80 的消毒方式使巴山水青冈外植体的污染率最低为 16％，按污染率从低到高的顺序依次为 0.2％$HgCl_2$＋吐温 80 消毒方式，0.2％$HgCl_2$ 消毒方式，5％次氯酸钠＋1％ $HgCl_2$ 消毒方式，6％次氯酸钠消毒方式。

表 3‑6 不同消毒剂对外植体消毒效果的影响

消毒方式	消毒时间（min）	接种数（个）	无菌数（个）	污染率（％）
0.2％$HgCl_2$	7	40	25	38
6％次氯酸钠	7	45	7	84
0.2％$HgCl_2$＋吐温 80	7	37	31	16
5％次氯酸钠＋1％ $HgCl_2$	7	38	14	63

（2）消毒时间对外植体的影响。外植体在 0.2％$HgCl_2$＋吐温 80 消毒剂中消毒的时间分别为 3、5、7、9、12min。结果见图 3‑2。由图 3‑2 可知，随着消毒时间的延长，初代培养物的污染率下降，在消毒时间 3～7min 时，绝大多数污染病菌已被杀死。但是，褐变随着消毒时间的延长呈直线上升，存活

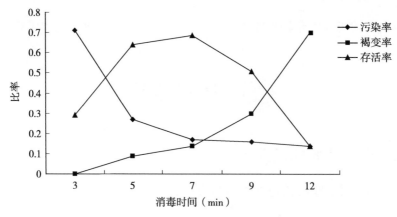

图 3‑2 消毒时间对外植体消毒效果的影响

率随着消毒时间的延长几乎呈直线下降。原因可能是在灭菌时，外植体受到汞离子的毒害而死亡。因此，在考虑降低污染率的措施时。不宜采用延长时间的办法。存活率在消毒 7min 时达到峰值（0.685），此时褐化率较低，之后存活率呈下降趋势，因此对于巴山水青冈的外植体以 0.2%HgCl$_2$＋吐温 80 为消毒剂时，消毒时间以 7～9min 为宜。

（3）不同外植体对污染率的影响。将经过 0.2%HgCl$_2$＋吐温 80 消毒剂消毒的茎段和叶片接种在 MS＋6 - BA 0.5mg·L^{-1}＋NAA 2.0mg·L^{-1} 的培养基中，观察污染率、褐变率和存活率。结果见表 3 - 7。

表 3 - 7　不同巴山水青冈外植体的消毒情况

外植体类型	污染率（%）	褐变率（%）	存活率（%）
茎段	31	15	54
叶	12	8	80

从表 3 - 7 可以看出巴山水青冈的两种外植体中叶的存活率高于茎段，叶的存活率为 80%，茎段的存活率为 54%。

3.2.1.2　取材时间的选择

（1）不同取材时期对外植体成活率和愈伤组织启动的影响。无菌体系的建立是组培快繁的第一步，取材时期、外植体部位和防止褐变对无菌体系的建立都有重要影响。选择适当的外植体是无菌体系建立和克服褐变的重要手段。由图 3 - 3 和图 3 - 4 可知，不同时期不同部位的外植体成活率和愈伤组织启动的天数差别较大。就外植体的成活率而言，春季和冬季的材料容易成活且成活率高，这是外植体能在培养基上顺利进行分化的重要前提。就成愈时间（愈伤组织启动天数）而言，茎段较叶片愈伤组织的启动难度大，3、4 月生长旺盛季节接种时，茎段愈伤组织启动至少需要 16d，而叶片在接种后 10d 即有愈伤组织出现。其他月份接种，叶片一般 15d 均能形成愈伤组织，而茎段愈伤组织的启动时间需要 21d 左右。

在试验过程中发现，由于褐变或自然衰亡，夏季材料比冬季、早春和秋季的材料成活率低。因此，最好选用早春和冬季的材料作为外植体，外植体的成活率高，愈伤组织的启动容易。

（2）不同取材时期对外植体成愈率及生长诱导值的影响。从成愈率来看（图 3 - 5），茎段和叶片在 3、4、5 月份取材成愈率均达到 70%，其中叶片在 4

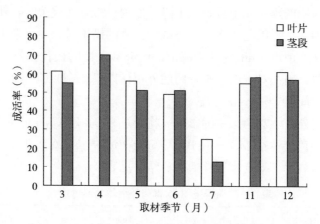

图 3-3　不同取材季节对茎段和叶片成活率的影响

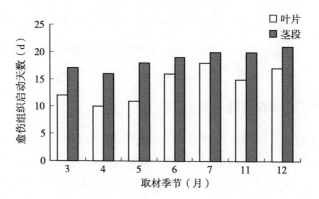

图 3-4　不同取材季节对茎段和叶片愈伤组织启动天数的影响

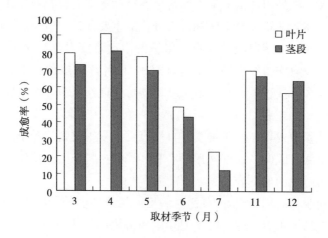

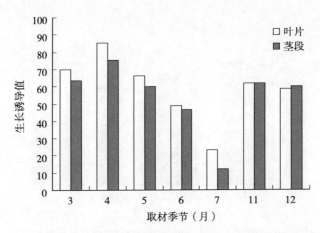

图 3-5 不同取材季节对茎段和叶片愈伤组织及生长诱导值的影响

月份成愈率达 91%，6、7 月份成愈率很低，且有褐变现象发生，这可能与外植体所含的次生代谢物质有关。

生长诱导值是综合衡量愈伤组织生长质量好坏的指标。从图 3-5 可以看出，叶片和茎段在 4 月份取材，生长诱导值均达到 70 以上，3、5 月次之，11、12 月愈伤组织生长诱导值均为 60 左右，6、7 月最差。由此可见，一年中最佳的取材时期为 4 月份，愈伤组织启动时间最短，叶片和茎段分别只需 10d 和 16d；愈伤组织的生长诱导值最高，叶片和茎段分别为 86.0 和 75.5。

3.2.2 愈伤组织的诱导

3.2.2.1 基本培养基的选择

不同类型培养基对不同外植体愈伤组织的诱导有不同的影响。从图 3-6 可以看出，茎段和叶片接种在 MS 培养基上所诱导出的愈伤组织生长诱导值最高，WPM、1/2MS 的次之，B5 的最低。在 MS 和 WPM 培养基上诱导出的愈伤组织生长状况较好，呈淡黄色或白色、结构疏松、生长旺盛；以 B5 为基本培养基时，愈伤组织生长势最差。在 MS 培养基上所诱导出的茎段和叶片愈伤组织，生长诱导均值最高，分别为 86.0、75.5。

MS 培养基为广谱性培养基，它的显著特点是含有很高量的氮、钾，尤其硝酸盐的用量大，同时还含有一定数量的铵盐，即氮（N）元素的量较大，这使得它营养丰富，有利于促进巴山水青冈茎段和叶片愈伤组织的形成和生长。

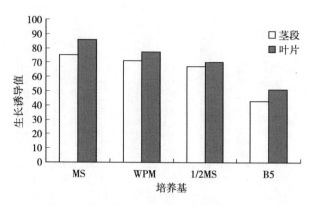

图 3-6   不同培养基对巴山水青冈不同部位愈伤组织诱导的影响

3.2.2.2   NAA，2,4-D 对茎段愈伤组织的诱导

生长旺盛季节（3—5 月）取材，在不添加生长素的培养基中外植体有少量愈伤组织出现，说明巴山水青冈内源激素含量较高，较易诱导出愈伤组织。从表 3-8 中可以看出，不同种类的生长素对茎段愈伤组织诱导效果不同，处理间差异显著，附加 2,4-D 各处理愈伤组织生长诱导值平均值为54.43，附加 NAA 处理的均值为 50.33。生长诱导值随 2,4-D 或 NAA 浓度的增加而逐渐增大，当 2,4-D 浓度为 $1.0mg \cdot L^{-1}$ 时，愈伤组织生长诱导值最高达 61.20，NAA 浓度为 $4.0mg \cdot L^{-1}$ 时，愈伤组织生长诱导值最高为 57.40。

表 3-8   不同浓度的生长素对巴山水青冈茎段愈伤组织诱导的影响

激素	浓度 $(mg \cdot L^{-1})$	接种外植体个数 （个）	生长 诱导值均值
CK	0	60	$28.00 \pm 1.64g$
2,4-D	0.1	59	$51.40 \pm 1.44cde$
	0.2	72	$51.60 \pm 1.44cd$
	0.5	61	$54.60 \pm 0.93bc$
	1.0	57	$61.20 \pm 1.39a$
	2.0	70	$55.20 \pm 1.56bc$
	4.0	65	$52.60 \pm 1.03cd$

（续）

激素	浓度 （mg·L^{-1}）	接种外植体个数 （个）	生长 诱导值均值
NAA	0.5	53	47.20±1.39ef
	1.0	58	49.40±0.98def
	2.0	60	49.60±0.93def
	3.0	70	51.80±1.93cd
	4.0	68	57.40±1.08ab
	5.0	62	46.60±2.25f

注：每行不同字母表示该值与其他数值差异显著（$P<0.05$）。

在愈伤组织的形成过程中，附加 2,4-D 的培养基中外植体愈伤组织生长势明显要比附加 NAA 的好，其愈伤组织有淡黄色和白色的，以淡黄色为主，且生长非常旺盛。附加 NAA 的培养基中，愈伤组织褐变较严重。

3.2.2.3 NAA，2,4-D 对叶片愈伤组织的诱导

从表 3-9 中可以看出，与对照相比，不同浓度的生长素均提高了对巴山水青冈愈伤组织生长诱导值，处理间差异显著。其中 2,4-D 0.5mg·L^{-1} 处理的生长诱导值最高为 85.20；其次是 NAA 3.0mg·L^{-1} 处理，其生长诱导值为 81.40。就综合形态评价指标而言，巴山水青冈的愈伤组织生长诱导值达到 80 说明其成愈率高、生长势优、表观形态好，有利于愈伤组织的进一步增殖和分化。

培养基中添加生长素 2,4-D 的各处理愈伤组织生长诱导均值为 78.52，添加生长素 NAA 的为 74.61。未添加生长素的培养基上的外植体有极少愈伤组织出现，说明叶片在 3 月份时内源生长素较高。接种后 13d，生长素 2,4-D 较 NAA 先诱导出愈伤组织，且愈伤组织生长普遍较旺盛，愈伤组织呈淡黄色颗粒状，较蓬松。

就生长素对巴山水青冈叶片愈伤组织诱导的影响而言，单因子试验结果表明，MS+2,4-D 0.5mg·L^{-1}+6-BA 1.0mg·L^{-1}+蔗糖 30g·L^{-1} 和MS+NAA 3.0mg·L^{-1}+6-BA 1.0mg·L^{-1}+蔗糖 30g·L^{-1} 最适合叶片愈伤组织的诱导，接种后 20d 生长诱导值均值分别为 85.20、81.40。

表 3-9 不同浓度的生长素对巴山水青冈叶片愈伤组织诱导的影响

激素	浓度 （mg·L⁻¹）	接种外植体个数 （个）	生长 诱导值均值
CK	0	90	54.80±0.86f
2,4-D	0.1	82	75.60±1.44cd
	0.2	76	78.60±0.93bc
	0.5	93	85.20±1.40a
	1.0	88	79.20±1.56bc
	2.0	82	76.60±1.03cd
	4.0	79	75.40±1.44cd
NAA	0.5	76	73.40±0.98de
	1.0	79	73.60±0.93de
	2.0	82	75.80±1.40cd
	3.0	87	81.40+1.08b
	4.0	85	70.60±2.25e
	5.0	80	71.20±1.40e

注：每行不同字母表示该值与其他数值差异显著（$P < 0.05$）。

3.2.2.4 不同碳源对巴山水青冈叶片愈伤组织诱导的影响

在所有组织培养的培养基中均要加糖，糖作为碳源，为细胞呼吸及代谢提供底物和能源，糖还用以维持一定的渗透势。

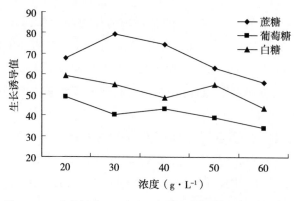

图 3-7 不同碳源对巴山水青冈叶片愈伤组织诱导的影响

由图 3-7 可知，不同种类的碳源及同种碳源的不同浓度对巴山水青冈愈伤组织诱导的影响均有较大的差异。接种后约 20d 观察发现，以蔗糖和白糖做碳源的两种培养基的愈伤组织生长旺盛，颜色呈白色或淡黄色，结构疏松，生物量大，其中以蔗糖的效果最为明显，生长诱导值平均为 68.17；白糖次之，生长诱导值平均为 52.32；而添加葡萄糖的培养基中的愈伤组织生物量不大，后仅诱导出少量属于衰败型的愈伤组织，颜色呈淡黄色微透明状（或水浸渍状），其生长诱导值平均为 41.26。就蔗糖而言，浓度为 $30g \cdot L^{-1}$ 的诱导效果最好，其诱导值为 79.28，在该培养基中的愈伤组织成愈率最高，达到 83%，生长最旺盛，颜色呈淡黄色至淡绿色，有的愈伤组织再经过 20d 的培养，肉眼可见少数绿色芽点；以葡萄糖 $60g \cdot L^{-1}$ 的诱导效果最差，其诱导值仅为 34.26，在该种培养基中的愈伤组织成愈率低，为 16%，生物量小，生长出的愈伤组织呈淡黄色半透明状态。

3.2.2.5 不同激素浓度配比对巴山水青冈茎段愈伤组织诱导的影响

经过 6-BA、2,4-D 和蔗糖 3 个因子 9 个浓度组合的正交试验，发现各种组合对巴山水青冈茎段愈伤组织诱导的影响差异显著。本试验的最佳培养基激素浓度组合为 MS+2,4-D $1.0mg \cdot L^{-1}$+6-BA $1.5mg \cdot L^{-1}$+蔗糖 $30g \cdot L^{-1}$，其生长诱导值为 72.40（表 3-10），愈伤组织生物量较大，呈现淡黄色颗粒状，比较疏松。

表 3-10 不同激素浓度配比对茎段诱导愈伤组织的影响

实验 ID	因素			生长诱导值均值
	2,4-D ($mg \cdot L^{-1}$)	6-BA ($mg \cdot L^{-1}$)	蔗糖 ($g \cdot L^{-1}$)	
1	1 (0.5)	1 (0.5)	3 (40)	54.60±1.50c
2	2 (1.0)	1	1 (20)	63.80±1.39b
3	3 (2.0)	1	2 (30)	70.40±1.12a
4	1	2 (1.0)	2	51.40±0.68c
5	2	2	3	61.00±1.22b
6	3	2	1	64.00±1.58b
7	1	3 (1.5)	2	71.60±1.16a
8	2	3	2	72.40±1.30a
9	3	3	3	63.00±1.10b

注：每行不同字母表示该值与其他数值差异显著（$P<0.05$）。

由表 3－11 的极差分析结果可知，各种营养因子的影响大小顺序为 6－BA、蔗糖、2,4－D，1.5mg·L^{-1} 6－BA 效果最好，20g·L^{-1} 蔗糖效果次之，1.0mg·L^{-1} 6－BA 效果最差；而 2,4－D 对愈伤组织诱导的影响较小，当其浓度为 2.0mg·L^{-1} 的时候效果较好。

表 3－11 极差分析结果

总和	因子	水平 1	水平 2	水平 3
	x（1）	888	986	987
	x（2）	944	882	1 035
	x（3）	997	971	893
均值	因子	水平 1	水平 2	水平 3
	x（1）	59.20	65.73	65.80
	x（2）	62.93	58.80	69.00
	x（3）	66.47	64.73	59.53
因子	极小值	极大值	极差 R	
x（1）	58.80	69.00	10.20	
x（2）	59.20	65.80	6.60	
x（3）	59.40	67.67	8.27	

3.2.2.6 不同激素浓度配比对巴山水青冈叶片愈伤组织诱导的影响

经过 6－BA、2,4－D 和蔗糖 3 个因子 9 个浓度组合的正交试验，发现各种组合对巴山水青冈叶片愈伤组织诱导的影响差异显著。一般认为生长诱导值达 80 为较好的培养基，本试验的 6 和 7 处理所诱导的愈伤组织生长诱导值均达到 80 以上（表 3－12）；其中，对巴山水青冈叶片愈伤组织诱导的最佳培养基为：MS＋2,4－D 2.0mg·L^{-1}＋6－BA 1.0mg·L^{-1}＋蔗糖 25g·L^{-1}，其生长诱导值最高，为 85.20，接种后 14d 左右即有愈伤组织，愈伤组织生物量大，呈白色或淡黄色颗粒状，较疏松。

由表 3－13 极差分析结果可知，各种营养因子的影响大小顺序为：2,4－D、6－BA、蔗糖，其中，25g·L^{-1} 蔗糖的效果最好，1.5mg·L^{-1} 6－BA 效果次之，30g·L^{-1} 蔗糖的效果最差；当 2,4－D 浓度为 2.0mg·L^{-1} 的时候效果较好。

表 3-12　不同激素浓度配比对叶片诱导愈伤组织的影响

实验 ID	因素			生长诱导值均值
	2,4-D (mg · L^{-1})	6-BA (mg · L^{-1})	蔗糖 (g · L^{-1})	
1	1 (0.5)	1 (0.5)	3 (35)	64.80±0.86d
2	2 (1.0)	1	1 (25)	65.60±1.20d
3	3 (2.0)	1	2 (30)	60.00±1.00e
4	1	2 (1.0)	2	59.40±1.12e
5	2	2	3	54.00±1.00f
6	3	2	1	85.20±1.24a
7	1	3 (1.5)	1	83.80±0.97a
8	2	3	2	70.00±1.22c
9	3	3	3	73.40±1.28b

注：每行不同字母表示该值与其他数值差异显著（$P<0.05$）。

表 3-13　极差分析结果

总和	因子	水平 1	水平 2	水平 3
	x (1)	1 040	948	1 093
	x (2)	952	993	1 136
	x (3)	1 173	947	961
均值	因子	水平 1	水平 2	水平 3
	x (1)	69.33	63.20	72.87
	x (2)	63.47	66.20	75.74
	x (3)	78.2	63.13	64.07
因子	极小值	极大值	极差 R	
x (1)	63.47	75.73	12.26	
x (2)	63.20	72.87	9.67	
x (3)	65.93	73.33	7.40	

3.2.2.7　TDZ 对叶片愈伤组织的诱导

在 MS＋2,4-D 1.0mg · L^{-1}＋蔗糖 3% 基本培养基上，随着 TDZ 浓度的增加，愈伤组织生长诱导值呈先升后降的趋势，当 TDZ 浓度为 0.50mg · L^{-1} 时，生长最快，生物量较其他处理的大，生长诱导值为 86.17（图 3-8）。且该处理的愈伤组织生长一直表现良好，结构蓬松、呈淡黄色。添加 TDZ 1.00mg·L^{-1} 处理的效果次之。由此可见，TDZ 对叶片愈伤组织的诱导有一定的促进作用。

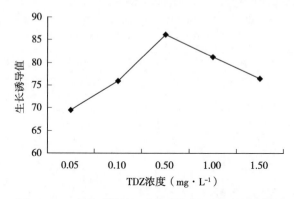

图 3-8　不同浓度 TDZ 对叶片愈伤组织诱导的影响

3.2.3　愈伤组织的分化

3.2.3.1　KT，6-BA 对愈伤组织分化的影响

由表 3-14 可知，叶片愈伤组织的分化率随 6-BA 浓度的增加而提高，随 KT 浓度的增加呈无规律变化。但不同细胞分裂素间，以 6-BA 比 KT 的诱导分化效应更好，愈伤组织出现较多的绿色芽点。

表 3-14　不同 6-BA 和 KT 浓度对叶片愈伤组织分化的影响

激素	浓度（mg·L^{-1}）	成活总数（个）	分化总数（个）	平均分化率（%）
CK	0	83	2	2.41
6-BA	0.1	63	31	49.21
	0.5	57	32	56.14
	1.0	48	28	58.33
	2.0	60	41	68.33
	4.0	65	47	72.31
KT	0.5	59	30	50.85
	1.0	57	25	43.86
	2.0	71	40	56.34
	3.0	64	36	56.25
	4.0	48	21	43.75

在愈伤组织的分化过程中，接种后 20d，附加 6 - BA 0.1mg·L⁻¹ 的培养基中的愈伤组织开始有褐变现象，但也有肉眼可见的绿色芽点，附加 6 - BA 2.0mg·L⁻¹、6 - BA 4.0mg·L⁻¹、KT 3.0mg·L⁻¹ 的处理中愈伤组织分化率高，愈伤组织表面有较多的绿色球状体。接种后 30d，附加 6 - BA 0.1mg·L⁻¹ 的培养基中，愈伤组织较致密，呈白色；附加 KT 3.0mg·L⁻¹ 的开始有芽分化，而 6 - BA 4.0mg·L⁻¹ 的愈伤组织表面有较多的绿色球状体。接种后 40d，未添加细胞分裂素的培养基中，愈伤组织已停止生长并开始死亡，而附加 KT 的有较多的簇生根；附加 6 - BA 4.0mg·L⁻¹，有很多的绿色球状体；附加 KT 4.0mg·L⁻¹，愈伤组织死亡或不长。总而言之，附加 6 - BA 4.0mg·L⁻¹ 的培养基，其愈伤组织一直保持旺盛分裂状态，最先转绿，且一直较其他处理有更多的绿色芽点，绿色芽点再经过一段时间的培养可以分化成苗，这是愈伤组织快繁增殖的前提条件。

3.2.3.2 激素及碳源浓度配比对叶片愈伤组织分化的影响

经过 6 - BA、NAA 和蔗糖 3 个因子 9 个浓度组合的正交试验，发现各种组合对巴山水青冈愈伤组织分化芽的影响差异较大。由表 3 - 15 可见，各种营养因子的影响大小顺序为 6 - BA、NAA、蔗糖。对试验结果进行极差分析，6 - BA 3.0mg·L⁻¹ 对愈伤组织分化的效果最好，NAA 0.5mg·L⁻¹ 的诱导分化效果次之。

表 3 - 15　不同激素及蔗糖浓度对叶片愈伤组织分化芽的影响

处理	6 - BA (mg·L⁻¹)	NAA (mg·L⁻¹)	蔗糖 (g·L⁻¹)	褐变情况	分化率（%）
1	3.0	0.5	40	0	62
2	4.0	0.5	20	0	30
3	5.0	0.5	30	+	0
4	3.0	1.0	30	++	15
5	4.0	1.0	40	+	43
6	5.0	1.0	20	+	0
7	3.0	1.5	20	++	0
8	4.0	1.5	30	+++	0
9	5.0	1.5	40	+++	0
I	30.67	25.67	20.67		
II	19.33	24.33	15.00		
III	0.00	0.00	14.33		
R	30.67	25.67	6.334		

注：0：外观鲜艳，黄白色；+：轻度褐变，基本黄白色；++：较严重褐变，黄褐色；+++：严重褐变，黄褐色。

MS＋6－BA 3.0mg·L⁻¹＋NAA 0.5mg·L⁻¹＋蔗糖 20g·L⁻¹ 为叶片愈伤组织分化芽的最佳培养基，其次为 MS＋6－BA 4.0mg·L⁻¹＋NAA 1.0mg·L⁻¹＋蔗糖 40g·L⁻¹ 培养基。其中较高浓度的 NAA 促进根的形成，而愈伤组织不分化，或保持原生长状态，或严重褐变死亡；高浓度的 NAA 和 6－BA 均促进愈伤组织褐变，使愈伤组织不分化甚至死亡。

3.2.3.3 TDZ 对愈伤组织分化的影响

在只添加 TDZ 的培养基上，愈伤组织经过一段时间的继代培养能分化出绿色芽点，进而分化出芽，随着 TDZ 浓度的增加，愈伤组织分化率和每个愈伤组织的平均芽数呈先增后降的趋势（图 3－9）。

当 TDZ 浓度为 1.00mg·L⁻¹ 时，分化效果最好，愈伤组织分化率达 63.29%，TDZ 浓度为 1.50mg·L⁻¹ 时的效果次之，TDZ 浓度为 0.05mg·L⁻¹ 时的效果最差，愈伤组织分化率只有 12.07%，且绿色芽点出现的时间较其他浓度处理出现得晚，绿色芽点进而分化成芽的时间也较长。由此可见，适宜浓度的 TDZ 有利于愈伤组织分化芽。

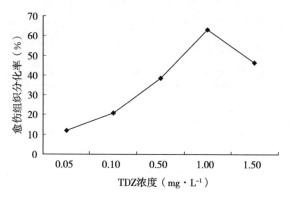

图 3－9 不同浓度 TDZ 对愈伤组织分化的效应

3.2.4 愈伤组织生物量的增加

愈伤组织生物量在一定程度上说明了其细胞团在一定时间内增殖的速度。碳源是细胞生长的能量来源的重要成分，其种类和浓度都不同程度地影响着愈伤组织的生长及增殖。

3.2.4.1 不同碳源对茎段愈伤组织生物量的影响

由图 3-10 可知，不同碳源对茎段愈伤组织生物量的增加有不同的影响，接种后 30d 取样分析表明，蔗糖诱导的愈伤组织鲜干重增长率呈先升后降的趋势，而添加葡萄糖和白糖的则呈递减趋势。

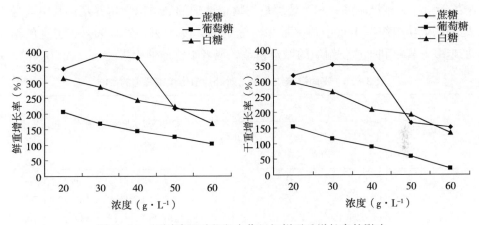

图 3-10 不同碳源对茎段愈伤组织鲜干重增长率的影响

不同浓度的蔗糖对愈伤组织鲜干重的增加均有促进作用，鲜干重的增长率呈先升后降的趋势。当浓度为 30g·L^{-1}、40g·L^{-1} 时，愈伤组织鲜干重增长率都较高，鲜重增长率分别达到 386.47%、377.59%，干重增长率分别达到 352.45%、350.31%，这与添加蔗糖对愈伤组织生长诱导值的变化趋势一致（图 3-10）。当蔗糖浓度达 60g·L^{-1}，愈伤组织鲜干重增长率最低分别为 207.42%、151.92%。

就白糖而言，其生物量随着浓度的增加而逐渐减少，表现为鲜干重都递减。当白糖浓度为 20g·L^{-1} 时，鲜干重增长率分别为 312.37%、295.68%，浓度达到 60g·L^{-1} 时，鲜干重增长率降低到最少，分别为 168.41%、132.87%。

愈伤组织鲜干重的增长率随着葡萄糖浓度的提高而逐渐降低，这与添加白糖后鲜重的变化趋势一致，与添加蔗糖的变化趋势不同。与蔗糖和白糖相比，葡萄糖所诱导的愈伤组织生物量最低，鲜重增长率平均值才达 149.19%，干重增长率平均值为 87.14%。由此可见，较低浓度蔗糖（30~40g·L^{-1}）和低浓度白糖（20g·L^{-1}）有利于茎段愈伤组织鲜干重的增长。鲜重的增加有利于愈伤组织的增殖繁殖和进一步诱导更多的芽分化。

3.2.4.2 不同激素浓度配比对叶片愈伤组织鲜干重的影响

经过 2,4 - D、6 - BA 和蔗糖 3 个因子 9 个浓度组合的正交试验，各种组合对巴山水青冈叶片愈伤组织鲜重增长率的影响效果不同，处理间差异显著（表 3 - 16）。本试验的 6 和 7 处理是生物量增加的最适诱导培养基；其中 6 号处理的愈伤组织鲜干重增长率最高，分别为 460.63%、337.00%。鲜重的增加越多，越有利于愈伤组织的增殖繁殖，或者干物质的积累。

表 3 - 16 不同激素浓度配比对叶片愈伤组织鲜重的影响

处理	因素			平均鲜重增长率（%）	平均干重增长率（%）
	2,4 - D（mg·L^{-1}）	6 - BA（mg·L^{-1}）	蔗糖（g·L^{-1}）		
1	1 (0.5)	1 (0.5)	3 (35)	359.09±4.41f	239.31±2.86d
2	2 (1.0)	1	1 (25)	372.14±2.29e	245.27±1.75d
3	3 (2.0)	1	2 (30)	340.96±2.59g	228.76±1.70e
4	1	2 (1.0)	2	245.20±2.39h	126.82±2.72f
5	2	2	3	242.63±2.32h	126.28±1.44f
6	3	2	1	460.63±2.76a	337.00±2.80a
7	1	3 (1.5)	1	436.13±2.31b	315.68±2.04b
8	2	3	2	384.22±2.65d	277.29±4.75c
9	3	3	3	402.05±2.57c	280.86±3.69c

注：每行不同字母表示该值与其他数值差异显著（$P < 0.05$）。

由极差分析结果可知，2,4 - D 是叶片愈伤组织鲜重、干重增加的主要影响因子（表 3 - 17、表 3 - 18）。就鲜重的增加而言，其营养因子的影响大小顺序为 2,4 - D、6 - BA、蔗糖，干重营养因子的影响大小顺序为 2,4 - D、蔗糖、6 - BA。6 - BA 1.5mg·L^{-1} 对愈伤组织鲜重增长效果最好，蔗糖 25g·L^{-1} 对愈伤组织干重增长效果最好。

表 3 - 17 鲜重极差分析结果

总和	因子	水平 1	水平 2	水平 3
	x (1)	5 202.10	4 994.95	6 018.20
	x (2)	5 360.95	4 742.3	6 112.00

（续）

均值	因子	水平 1	水平 2	水平 3
	x (3)	4 489.75	3 164.35	3 232.25
	x (1)	346.80	333.00	401.21
	x (2)	357.40	316.15	407.47
	x (3)	299.32	210.96	215.48

因子	极小值	极大值	极差 R
x (1)	316.15	407.47	91.32
x (2)	333.00	401.21	68.21
x (3)	339.80	401.31	61.51

表 3 - 18　干重极差分析结果

总和	因子	水平 1	水平 2	水平 3
	x (1)	3 409.05	3 244.20	4 233.10
	x (2)	3 571.70	2 950.50	4 369.15
	x (3)	4 489.75	3 164.35	3 232.25
均值	因子	水平 1	水平 2	水平 3
	x (1)	227.27	216.28	282.21
	x (2)	238.11	196.70	291.28
	x (3)	299.32	210.96	215.48
因子	极小值	极大值	极差 R	
x (1)	190.70	291.28	94.58	
x (2)	216.28	282.53	65.93	
x (3)	217.65	284.53	66.88	

3.2.5　NAA 对芽生根的影响

在巴山水青冈的组织培养过程中发现，愈伤组织或芽生根都较容易。因此从单因子试验可以看出（表 3 - 19），在不添加生长素的培养基上，芽继代后能生根，可能是由于在芽继代培养时，芽本身吸附有一定量的生长素。过高或过低的 NAA 浓度都不利于根的生长，只有当浓度适宜，在 $1.5mg \cdot L^{-1}$ 时，根的质量也较好，表现为芽的生根数、根较细、较长。且后期继代培养时，能较长时期保持生活力。

表 3-19　不同 NAA 浓度对芽生根的影响

NAA 浓度 ($mg \cdot L^{-1}$)	接种增殖芽数 (个)	生根苗数 (株)	生根率 (%)	平均生根数 (条)	根及苗生长情况描述
0	19	6	31.58	2.5	根少、短（约 0.5cm）
0.5	22	14	63.64	3.6	根少、较长（约 1.2cm）
1	21	17	80.95	6	根较多、长（约 3.0cm）、较粗壮
1.5	21	16	76.19	7.1	根多、长（约 4.0cm）、较细
2	22	15	68.18	6.5	根多、长（约 3.5cm）、较细

3.3　讨论

（1）外植体消毒方法以 70% 酒精浸 30s，然后用 0.2% $HgCl_2$＋吐温 80 消毒 7min 效果最好。一年中最佳的取材时期是 4 月份，茎段和叶片成愈率高达 81% 和 91%，生长诱导值分别为 75.5 和 86.0。茎段和叶片分别只需要 16d 和 10d 形成愈伤组织。MS 是外植体的适宜基本培养基类型。

（2）2,4-D 较 NAA 先诱导出巴山水青冈愈伤组织，呈淡黄色颗粒状、结构蓬松。促进茎段和叶片愈伤组织诱导及生长的最佳生长素浓度分别是 2,4-D $1.0mg \cdot L^{-1}$、NAA $4.0mg \cdot L^{-1}$、2,4-D $0.5mg \cdot L^{-1}$、NAA $3.0mg \cdot L^{-1}$；$4.0mg \cdot L^{-1}$ 6-BA 能使愈伤组织一直保持旺盛分裂状态，愈伤组织最先转绿，且一直较其他处理有更多的绿色芽点，分化率达 72.31%；$0.5mg \cdot L^{-1}$ TDZ 促进愈伤组织形成、$1.0mg \cdot L^{-1}$ TDZ 促进愈伤组织的分化效果最好，生长诱导值和分化率分别达 86.17、63.29%。

（3）蔗糖和白糖能促进亢进分裂型愈伤组织的形成及生长、生物量的增加，尤以 $30g \cdot L^{-1}$ 蔗糖的诱导效果最好，鲜重增长率为 386.47%，而葡萄糖只能诱导出衰败型愈伤组织。

（4）叶片和茎段启动培养的最佳配方分别是 MS＋2,4-D $2.0mg \cdot L^{-1}$＋6-BA $1.0mg \cdot L^{-1}$＋蔗糖 $25g \cdot L^{-1}$，MS＋2,4-D $1.0mg \cdot L^{-1}$＋6-BA

$1.5\text{mg}\cdot\text{L}^{-1}$＋蔗糖$30\text{g}\cdot\text{L}^{-1}$，生长诱导值分别达$85.20$、$72.40$；愈伤组织分化的最佳配方是$MS+6-BA\ 3.0\text{mg}\cdot\text{L}^{-1}+NAA\ 0.5\text{mg}\cdot\text{L}^{-1}$＋蔗糖$20\text{g}\cdot\text{L}^{-1}$，分化率为$62\%$。

（5）生根的最佳配方：$1/2MS+NAA\ 1.5\text{mg}\cdot\text{L}^{-1}$＋蔗糖$30\text{g}\cdot\text{L}^{-1}$，生根率为$76.19\%$，平均根数为$7.1$条，根多、长（约$4.0\text{cm}$）、较细。

3.4 巴山水青冈组培技术流程

材料预处理，流水冲洗约1h后，用去污粉浸泡10min，流水冲洗10min，在无菌条件下用70%~75%酒精表面消毒30s；在无菌条件下先用70%酒精浸润30s，用$0.2\%HgCl_2$+吐温80消毒7min，再用无菌水冲洗8次左右

↓

培养条件，培养基pH为5.8~6.0；培养箱条件为：温度（25 ± 2）℃，空气湿度40%~70%，光照时间$12\text{h}\cdot\text{d}^{-1}$，光照强度$2\,000\sim3\,000\text{lx}$

↓

愈伤组织的诱导，将叶片切成约5mm^2的小块，叶背面接触培养基并接种在培养基上；将茎段切成1~2mm长的小节接种在培养基上；每个培养基接种2个外植体进行启动培养；培养基最佳配方为：叶，$MS+2,4-D\ 2.0\ \text{mg}\cdot\text{L}^{-1}+6-BA\ 1.0\ \text{mg}\cdot\text{L}^{-1}$+蔗糖$25\text{g}\cdot\text{L}^{-1}$；茎，$MS+2,4-D\ 1.0\ \text{mg}\cdot\text{L}^{-1}+6-BA1.5\ \text{mg}\cdot\text{L}^{-1}$+蔗糖$30\text{g}\cdot\text{L}^{-1}$；叶片和茎段愈伤组织的诱导分别只需10d和16d

↓

愈伤组织的分化，将愈伤组织转移到分化培养基上培养，愈伤组织分化的最佳配方：$MS+6-BA\ 3.0\ \text{mg}\cdot\text{L}^{-1}+NAA\ 0.5\ \text{mg}\cdot\text{L}^{-1}$+蔗糖$20\text{g}\cdot\text{L}^{-1}$；接种后20d，培养基中的愈伤组织开始有褐变现象，但也有肉眼可见的绿色芽点，绿色芽点再经过一段时间的培养可以分化成无根组培苗

↓

生根培养，将仅有茎叶的组培苗转移到生根培养基中。生根的最佳配方：$1/2MS+NAA\ 1.5\ \text{mg}\cdot\text{L}^{-1}$+蔗糖$30\text{g}\cdot\text{L}^{-1}$；30d后，生根率达到80.95%，根的质量也较好，表现为芽的生根数多、根较细、较长。且后期继代培养时，能较长时期保持生活力

图3-11 组培技术流程

4

巴山水青冈林及其次生林植物多样性研究

物种多样性代表着物种演化的空间范围和对特定环境的生态适应性，是进化机制的最主要产物及生物有机体本身多样性的体现，所以物种被认为是最直接、最易观察和最适合研究生物多样性的生命层次（李博，2000）。物种多样性的研究既是遗传多样性研究的基础，又是生态系统多样性研究的重要方面。在四川南江米仓山国家森林公园发现的大面积巴山水青冈植物原始林，种类分布集中，世界罕见，为研究该植物的起源、我国大陆植物区系与台湾地区植物区系的关系提供了实物资料（李俊清，1999）。该地区同时还有大面积皆伐后的天然次生林，为群落生态研究提供了很好的条件。

4.1 研究方法

4.1.1 调查方法

4.1.1.1 样地设置

在四川巴中南江县米仓山国家森林公园所属森林内，根据不同林型共设置了 5 个永久标准样地。根据它们经历的采伐强度和时间，将它们分为成熟林、近熟林、中龄林和幼龄林。除成熟林外，其他三种林型均处于下坡位南坡。由于成熟林面积较大，生境多样性高，除选一下坡位南坡样地外，另选一中上坡位南坡作为样地（下文中成熟林Ⅰ代表下坡位成熟林，成熟林Ⅱ代表上坡位成熟林）。成熟林在大小兰沟自然保护区内，保护较好；近熟林在1956年经历过一次皆伐；中龄林在20世纪70年代末经历过皆伐；幼龄林在1995年经历过一次皆伐。样地基本情况见表4-1。

表4-1　各样地基本情况

样地编号	样地类型	面积 （m²）	地理坐标	海拔 （m）	坡向	坡度	坡位	所属单位
Ⅰ	成熟林Ⅰ	10 000	N32°39′37.0″ E106°54′52.3″	1 420	南	5°	下坡位	大坝林场
Ⅱ	成熟林Ⅱ	10 000	N32°39′58.2″ E106°53′41.7″	1 430	南	60°~65°	中上坡位	大坝林场
Ⅲ	近熟林	10 000	N32°39′47.9″ E106°54′23.9″	1 390	南	5°	下坡位	大坝林场
Ⅳ	中龄林	10 000	N32°34′15.2″ E106°41′31.9″	1 570	南	60°~65°	下坡位	大江口林场
Ⅴ	幼龄林	10 000	N32°40′50.8″ E106°55′52.3″	1 415	南	55°~60°	下坡位	魏家坝林场

在每个样地中，按照随机布点的方法，用窗纱和木条均匀布置了30个承接盘，以备承接枯枝落叶和收集种子。将每个样地划分成25个20m×20m的样方，每个样地选取5个样方，样方的四个顶点用红油漆木条标记，以备长期使用。在每个乔木样方中设置3个5m×5m的灌木样方，10个1m×1m的幼苗和草本样方。

4.1.1.2　乔木调查

2007年5—8月以20m×20m样方为单位，将样地内所有高度大于3m的乔木编号，并记录种名、胸径、树高、冠幅（东西冠幅长、南北冠幅长）、枝下高及其所处坐标。

4.1.1.3　灌木调查

对巴山水青冈林的灌木进行了和乔木一样的定位及种名、基径、株高、盖度调查。

4.1.1.4 草本植物调查

每个 5m×5m 的样方中选取 5 个 1m×1m 的样方进行调查。记录了种名、基径、群落高度、盖度。

4.1.2 分析方法

本研究采用多项指标进行物种多样性的测度，具体公式及相关说明如下。

（1）Gleason（丰富度）指数：$G=S/\ln A$，式中 S 为物种数目，A 为样方面积。主要是测定一定空间内的物种数目以表达生物的丰富程度。

（2）Shannon—Wiener（多样性）指数：$H'=-\sum P_i\ln P_i$，式中 P_i 为 i 物种的个体数占所有物种个体数的比例。主要测定物种的信息不确定性以表达生物群落中的物种多样性。

（3）Simpson 指数：$D=1-\sum P_i^2$，式中 P_i 为 i 物种的个体数占所有物种个体数的比例。该指数描述从一个群落种连续两次抽样所得到的个体数属于同一种的概率。

（4）Pielou（均匀度）指数：$E=(-\sum P_i\ln P_i)/\ln S$（董鸣等，1996；2004）。该指数用于反映特种个体数且在群落中分配中的均匀程度。

（5）草本植物重要值（RI）＝（相对密度＋相对盖度＋相对频率）/3，草本各项指数的分析及重要值的计算，以盖度作为重要参数因子，避免了以往只以株数来计算的片面性。

（6）乔木相对重要值（RI）＝（相对频度＋相对多度＋相对优势度）/3
乔木相对优势度＝胸高断面积/总断面积（李春喜，2000）。

（7）Synthetic（综合）指数。

自 20 世纪 70 年代以来，在生物多样性和生态系统稳定性关系方面，存在着观点对立的两大阵营。一方面，研究发现，自 1949 年以来，出现了 27 个不同的生物多样性模型（Yue T X et al.，1998a；1998b；2005）。显然，使用不同模型往往会得出不同的结论，这是多样性和稳定性关系争论持续近 30 年的原因之一。另一方面，所运用的大多数模型都有其不完善的地方。如 Shannon 模型被运用时，每个物种应多于 100 个个体，此外，Shannon 模型对面积参数没有任何反映且不能够表达多样性的丰富性，也没有考虑物种间生物量的区别

（岳天祥，1999）。多样性模型中的上述问题已经引起过许多生态学家的重视。例如，Odum 在他们的试验中发现，农药减少了昆虫物种的数量（丰富性），但是，增加了物种的均一性，在这种情况下，均一性和丰富性这两个重要的多样性就相互抵消了，所以，Shannon 模型的运行结果混淆了多样性这两个截然不同方面的表现（Odum E P，1969）。Pimm 认为许多多样性模型忽视了物种相对丰度的变化，只注重物种本身（Pimm S L，1994）。Harper 等（岳天祥，1999）指出，用 Shannon 模型和 Simpson 模型对物种丰富但不均一群落的计算结果比物种不丰富但均一群落的值小是可能的。Beeby 等（1997）发现，许多模型企图测量多样性，很难说都是成功的，一些模型假定了群落中均一性的基本模式，这本身就是有问题的；而另一些模型把所有物种同等对待，它们不能正确地反映物种对群落的各自重要性，因此，还没有一个多样性模型在所有情况下都被认为是很有效的。为此岳天祥（1999）提出了一个综合生物多样性模型组。

综合生物多样性模型：

$$d_{\text{Species}} = \frac{\ln\left\{\sum_{i=1}^{m(r,t)}\left[p_i(r,t)\right]^{\frac{1}{2}}\right\}^2}{\ln(e + 10\ 000 S(r,t))}$$

其中，$m(r,t)$ 为所研究区域物种种类数；$p_i(r,t)$ 为第 i 种物种的生物量（或个数）的概率；$S(r,t)$ 为所研究区域的面积（以 hm^2 为单位）；r 是空间变量，t 为时间变量。该模型组不但可以表达多样性的丰富性和均一性两个不同方面，而且包含了物种种数、物种个体数量、物种生物量、面积等参数。因为重要值包含了物种种数、个体数、物种生物量和分布范围，在实际操作过程中，本研究没有做多样性的时间动态研究。考虑到操作方便等原因和模型就简原则，将该模型修正为：$D = \ln(\sum (p_i)^{0.5})^2/\ln(e + 10\ 000 S)$，其中 P_i 表示某一物种的相对重要值，S 代表样地面积，单位是 hm^2。

4.2 结果与分析

4.2.1 巴山水青冈林及其次生林乔木基本特征

巴山水青冈林作为该地区顶级群落，属于典型的复层异龄林（杨玉坡等，

1990)。但物种组成却不丰富，区系来源也不复杂。在巴山水青冈林内及各种次生林的样地内共调查到树种 39 种，隶属 23 科 31 属，地带性特点明显。四个样地虽然属于同一植被带，由于立地条件和干扰历史不同，群落之间的乔木树种组成以及由此构成的群落特征明显不同，各样地立木株数、树种组成以及林分蓄积情况见表 4－2 和表 4－3。

表 4－2　各样地立木株数

样地类型	活立木（株·hm^{-2}）	枯立木（株·hm^{-2}）	总计（株·hm^{-2}）
成熟林Ⅰ	2 109	255	2 364
成熟林Ⅱ	1 674	149	1 823
近熟林	1 956	176	2 132
中龄林	2 477	394	2 871
幼龄林	8 419	0	8 419
总计	16 635	974	17 609

表 4－3　各样地林分蓄积及其组成

项目	成熟林Ⅰ	成熟林Ⅱ	近熟林	中龄林	幼龄林
平均胸径（cm）	21.87	25.34	22.21	15.09	3.51
胸高断面积（m^2·hm^{-2}）	79.19	84.38	75.74	44.28	8.14
林分蓄积（m^3·hm^{-2}）	509.46	531.60	535.23	267.90	21.98

从表 4－2 和表 4－3 可以看出，成熟林Ⅱ每公顷活立木的株数最少，活立木的株数只分别相当于成熟林Ⅰ的 79.37%、近熟林的 85.58%、中龄林的 67.58%、幼龄林的 19.88%。而成熟林Ⅱ每木平均胸径在所调查的林型中最大，其平均胸径分别是成熟林Ⅰ的 1.16 倍、近熟林的 1.14 倍、中龄林的 1.68 倍、幼龄林的 7.22 倍。幼龄林由于受到了距今最近的一次皆伐，活立木株数在各样地中最高，由于水土流失等原因，自然恢复后的乔木还未达到激烈竞争阶段，且乔木径级小，即使有死亡也很难被调查记录到。其平均胸径和平均胸高断面积都降到了最低的水平，相应的林分蓄积量也是最低的。中龄林的枯立木数量是最高的。这与前人的一些研究成果不一致（何东进等，2008；唐旭利等，2005）。分析其原因可能是因为中龄林中乔木种类较多，数量较大，特别是巴山松等不耐阴的针叶树种在这一阶段被大量淘汰。此外近年来大巴山针叶树种病虫害较重可能也是一个原因。成熟林的株数和林分蓄积都低于近熟

林，分析其原因可能是因为成熟林Ⅰ枯立木和倒木较多，林分蓄积有所降低；成熟林Ⅱ坡度较大，且处于上中坡位，受水分、养分等条件影响，乔木数量较少，导致林分蓄积量较小。从活立木和枯立木的比例来看，成熟林Ⅰ活立木与枯立木的比接近8∶1，中龄林接近6∶1，成熟林Ⅱ与近熟林接近11∶1，说明乔木层中龄林内树种竞争最激烈，其次是成熟林Ⅰ，最小的是近熟林。调查结果表明中龄林中的枯立木主要是一些针叶树种，几乎没有巴山水青冈。巴山水青冈作为该地区顶级群落的建群种可能就是在这一阶段将一部分其他树种淘汰的。成熟林Ⅰ光照不足，树木增加枝叶密度与树干高度来竞争阳光资源，林下郁闭度相对较高，不能更新的树种在竞争初期很可能就被淘汰，这一阶段主要是种内竞争比较剧烈，一些处于第二、第三亚层的乔木逐渐被淘汰，当然也有一些胸径较大的枯立木。

4.2.2　巴山水青冈林及其次生林乔木层多样性变化

4.2.2.1　各样地的乔木层重要值分析

重要值是树种多度、频度和断面积的综合反应。巴山水青冈林不同林分物种的重要值表现各不相同（表4-4至表4-8），相同林分、不同坡向物种的重要值也不同。从表4-4至表4-8可以看出，成熟林乔木种类最少，幼龄林乔木种类最多，数量也最多，但幼龄林林分蓄积量小。成熟林Ⅰ乔木株数以巴山水青冈、四照花最多，其次是灯台树、曼青冈、野核桃、小叶青冈、华千金榆等高大的乔木，总株数占了整个样地乔木株数的80％以上。位于主林层的优势树种除巴山水青冈外，株数都介于10～100。偶见种共4种，即石灰花楸、领春木、鹅掌楸、连香树，其中三种是珍稀保护树种。顶级群落虽然有极少数的阳性树种，但整个林分处于顶级群落，不适合它们生长。从胸径断面积分析，巴山水青冈占据了主体地位，断面积之和占整个林分的61.39％，其次野核桃、小叶青冈、曼青冈、华千金榆，占有一定的比例。其中野核桃虽然数量不是很多，但由于林中的野核桃绝大多数都处于主林层，比较高大，因此占有断面积的比例仅次于巴山水青冈。四照花平均直径小，株数虽多，断面积的比例相对偏低。从出现样方数来分析，巴山水青冈林的乔木可以分成三类，第一类在20m×20m的样方分布较均匀，几乎每个样方都有分布（由于乔木层物种数较少，且篇幅限制，更详细的分布格局本研究不再讨论）。这类树种包括主林层的林分优势种和耐阴性强的下层小乔木如四照花。第二类树种所在样方数基本介于5～17个，除米心水青冈外，基本属于演替层乔木，如猫儿刺和杜鹃等。第三类是偶见种，株数少，相应的相对频度也很低。综合前面三个指标，从重要值来分析：巴山水青冈由于株数多、断面积大、出现样方数多，相对重要值最大，达45.11%；四照花由于数量较多，相对重要值达到8.62%；野核桃虽然数量相对较少，但分布样方数多，且大部分处于主林层，断面积大，相对重要值仅次于巴山水青冈和四照花，达到7.97%。处于林冠层的优势种巴山水青冈、野核桃等的重要值之和为70%以上，树种重要值的分布说明，巴山水青冈林为建群种的复层异龄林的顶级群落中，树种垂直分化明显，演替层的比重偏低。

表4-4 巴山水青冈成熟林 I 各树种重要值及分布

树种	株数 (株·hm^{-2})	断面积 (m^2·hm^{-2})	出现样方数 (个·hm^{-2})	相对多度 (%)	相对优势度 (%)	相对频度 (%)	相对重要值 (%)
米心水青冈	29	2.61	15	1.37	3.25	6.00	3.54
巴山水青冈	1 350	49.23	25	63.95	61.39	10.00	45.11
华丁金榆	53	3.58	18	2.51	4.46	7.20	4.73
中华槭	11	0.14	4	0.52	0.17	1.60	0.77
杜鹃	24	0.19	17	1.14	0.24	6.80	2.72
猫儿刺	26	0.23	21	1.23	0.29	8.40	3.31
五裂槭	6	0.01	2	0.28	0.01	0.80	0.37
灯台树	50	0.39	19	2.37	0.49	7.60	3.48
短柱柃	8	0.01	3	0.38	0.01	1.20	0.53
四照花	278	2.15	25	13.17	2.68	10.00	8.62
崖樱桃	17	0.01	11	0.81	0.01	4.40	1.74
野核桃	74	8.34	25	3.51	10.40	10.00	7.97
八月瓜	8	0.23	7	0.38	0.29	2.80	1.16
曼青冈	67	5.42	25	3.17	6.76	10.00	6.64
多脉青冈	8	0	5	0.38	0	2.00	0.79
石灰花楸	1	0.04	1	0.05	0.05	0.40	0.17
小叶青冈	96	6.65	24	4.55	8.29	9.60	7.48
鹅掌楸	1	0.03	1	0.05	0.04	0.40	0.16

（续）

树种	株数 (株·hm^{-2})	断面积 (m^2·hm^{-2})	出现样方数 (个·hm^{-2})	相对多度 (%)	相对优势度 (%)	相对频度 (%)	相对重要值 (%)
连香树	1	0.56	1	0.05	0.70	0.40	0.38
领春木	1	0.37	1	0.05	0.46	0.40	0.30
合计	2 109	80.19	250	100	100	100	100

从表4-5可以看出，成熟林Ⅱ的树种组成和结构与成熟林Ⅰ有很大的不同。在该样地共调查到乔木树种18种，阳性树种占了较高的比例。从物种株数的角度分析，株数最多的是巴山水青冈，占整个林分的40.86%。其次是猫儿刺，占了13.92%。与成熟林Ⅰ相比，巴山松、华山松等针叶树种及阳性阔叶树种较多，这说明处于上坡位阳坡的巴山水青冈林生境仍能满足猫儿刺等喜光树种的生长。从胸高断面积，即相对优势度分析，巴山水青冈虽然数量比例比成熟林Ⅰ小，但优势度更明显，达到77.70%，其中的主要原因是巴山水青冈的平均胸高断面积要比成熟林Ⅰ的大得多。猫儿刺的数量虽多，但胸径太小，胸高断面积较小。而巴东栎等树种显示出更大的优势度，甚至数量很少的巴山松的优势度也比猫儿刺大。从出现样方数分析，在20m×20m的样方中几乎均有分布的树种是巴山水青冈、猫儿刺、杜鹃等。仅在一半左右的样方中出现的树种有多脉青冈、曼青冈等。从相对重要值分析，除巴山水青冈外，相对重要值大于5%的仅有4个树种，且相互间差异不明显。总体来看，成熟林Ⅱ比成熟林Ⅰ的株数少，但断面积反而大些。成熟林Ⅱ的阳性树种与裸子植物的重要值比成熟林Ⅰ的大。枯立木的数量成熟林Ⅰ也比成熟林Ⅱ的多得多，并且分层更明显，下层的树木，包括巴山水青冈，死亡率较高，可见光照成为限制成熟林Ⅰ的一个重要因子。而处于中上坡位的成熟林Ⅱ光照充足，生长较为稀疏，种内竞争没有成熟林Ⅰ明显，平均胸径也大得多，幼苗很少见，由此可见土壤水分与肥力或者种子源可能是成熟林Ⅱ的一个重要限制因子。

表4-5 巴山水青冈成熟林Ⅱ各树种重要值及分布

树种	株数 (株·hm^{-2})	断面积 (m^2·hm^{-2})	出现样方数 (个·hm^{-2})	相对多度 (%)	相对优势度 (%)	相对频度 (%)	相对重要值 (%)
巴山水青冈	684	65.56	25	40.86	77.70	11.68	43.41
杜鹃	123	0.31	25	7.35	0.37	11.68	6.47

（续）

树种	株数 (株·hm⁻²)	断面积 (m²·hm⁻²)	出现样方数 (个·hm⁻²)	相对多度 (%)	相对优势度 (%)	相对频度 (%)	相对重要值 (%)
粉白杜鹃（未确证）	104	0.32	19	6.21	0.38	8.88	5.16
猫儿刺	233	0.61	25	13.92	0.72	11.68	8.77
鹅耳枥	33	0.15	6	1.97	0.18	2.80	1.65
灯台树	9	0.07	4	0.54	0.08	1.87	0.83
野核桃	18	2.13	7	1.08	2.52	3.27	2.29
细叶青冈	75	2.33	16	4.48	2.76	7.48	4.91
曼青冈	121	1.48	24	7.23	1.75	11.21	6.73
多脉青冈	93	1.76	15	5.56	2.09	7.01	4.88
巴东栎	35	4.4	10	2.09	5.21	4.67	3.99
锐齿槲栎	45	1.4	9	2.69	1.66	4.21	2.85
白辛树	19	0.92	6	1.14	1.09	2.80	1.68
叶萼山矾	59	1.9	13	3.52	2.25	6.07	3.95
刺楸	7	0.05	3	0.42	0.06	1.40	0.63
巴山松	11	0.77	4	0.66	0.91	1.87	1.15
华山松	4	0.21	2	0.24	0.25	0.93	0.47
三尖杉	1	0.01	1	0.06	0.01	0.47	0.18
合计	1 674	84.38	214	100	100	100	100

从表 4-6 可以看出，近熟林的树种组成和成熟林没有很大的差异。从物种株数分析，该林分共有树种 21 种，与成熟林相当，低于中龄林和幼龄林。乔木的总数量与成熟林相差也不大。但断面积要小一些。除水青冈外，其他树种的数量差异比成熟林小，胸断面积都很小。巴山水青冈的相对优势度比成熟林还要高，可能是成熟林林窗较大、多的原因。近熟林中林下层较少有巴山水青冈，可见种内竞争在这一阶段没有成熟林剧烈。

表4-6 巴山水青冈近熟林各树种重要值及分布

树种	株数 (株·hm⁻²)	断面积 (m²·hm⁻²)	出现样方数 (个·hm⁻²)	相对多度 (%)	相对优势度 (%)	相对频度 (%)	相对重要值 (%)
米心水青冈	39	1.21	9.00	1.99	1.60	4.79	2.79
巴山水青冈	1 339	65.28	25.00	68.46	86.19	13.30	55.98

（续）

树种	株数 (株·hm⁻²)	断面积 (m²·hm⁻²)	出现样方数 (个·hm⁻²)	相对多度 (%)	相对优势度 (%)	相对频度 (%)	相对重要值 (%)
华千金榆	18	0.56	4.00	0.92	0.74	2.13	1.26
中华槭	38	0.30	11.00	1.94	0.40	5.85	2.73
杜鹃	22	0.26	7.00	1.12	0.34	3.72	1.73
猫儿刺	71	0.61	23.00	3.63	0.81	12.23	5.56
五裂槭	85	0.63	6.00	4.35	0.83	3.19	2.79
鹅耳枥	33	0.33	13.00	1.69	0.44	6.91	3.01
灯台树	57	0.47	8.00	2.91	0.62	4.26	2.60
四照花	79	0.49	19.00	4.04	0.65	10.11	4.93
崖樱桃	16	0.54	4.00	0.82	0.71	2.13	1.22
野核桃	41	2.90	21.00	2.10	3.83	11.17	5.70
八月瓜	1	0.00	1.00	0.05	0.00	0.53	0.19
曼青冈	56	1.31	9.00	2.86	1.73	4.79	3.13
巴东栎	2	0.21	2.00	0.10	0.28	1.06	0.48
锐齿槲栎	14	0.32	7.00	0.72	0.42	3.72	1.62
刺楸	29	0.22	8.00	1.48	0.29	4.26	2.01
巴山松	7	0.06	3.00	0.36	0.08	1.60	0.68
华山松	4	0.02	4.00	0.20	0.03	2.13	0.79
铁杉	3	0.01	3.00	0.15	0.01	1.60	0.59
红豆杉	2	0.01	1.00	0.10	0.01	0.53	0.22
合计	1 956	75.74	188	100	100	100	100

　　中龄林共有树种 30 种，株数明显比近熟林和成熟林高，除巴山水青冈外，株数最多的是细叶青冈，占林分总株数的 7.49%，阳性阔叶树种和针叶树的数量明显比近熟林和成熟林高。从胸高断面积分析，除巴山水青冈外各树种差异不大。这个结果充分说明采伐干扰后，短期内阳性树种将在次生演替中处于优势地位。和近熟林相比，幼龄林中的树种数是近熟林的 1.43 倍，株数相当于近熟林中的 1.47 倍，但是每公顷断面积却只有 44.28m²，远低于近熟林和成熟林（表 4 - 7）。

表 4-7　巴山水青冈中龄林各树种重要值及分布

树种	株数 (株·hm⁻²)	断面积 (m²·hm⁻²)	出现样方数 (个·hm⁻²)	相对多度 (%)	相对优势度 (%)	相对频度 (%)	相对重要值 (%)
米心水青冈	77	1.63	14	2.68	3.68	3.63	3.33
巴山水青冈	926	15.47	25	32.25	34.94	6.48	24.56
华千金榆	45	0.63	8	1.57	1.42	2.07	1.69
中华槭	89	0.52	9	3.10	1.17	2.33	2.20
杜鹃	54	0.76	7	1.88	1.72	1.81	1.80
粉白杜鹃	33	0.43	5	1.15	0.97	1.30	1.14
猫儿刺	93	0.54	17	3.24	1.22	4.40	2.95
五裂槭	67	0.91	15	2.33	2.06	3.89	2.76
鹅耳枥	58	0.36	11	2.02	0.81	2.85	1.89
灯台树	19	0.12	7	0.66	0.27	1.81	0.92
短柱枪	43	0.46	9	1.50	1.04	2.33	1.62
四照花	73	0.25	10	2.54	0.56	2.59	1.90
崖樱桃	29	0.2	4	1.01	0.45	1.04	0.83
野核桃	34	0.12	3	1.18	0.27	0.78	0.74
八月瓜	9	0.13	3	0.31	0.29	0.78	0.46
细叶青冈	215	2.4	25	7.49	5.42	6.48	6.46
曼青冈	77	0.86	22	2.68	1.94	5.70	3.44
多脉青冈	172	1.95	21	5.99	4.40	5.44	5.28
巴东栎	43	0.34	13	1.50	0.77	3.37	1.88
锐齿槲栎	78	0.79	12	2.72	1.78	3.11	2.54
香桦	57	0.32	9	1.99	0.72	2.33	1.68
短柄苞栎	91	1.23	19	3.17	2.78	4.92	3.62
叶萼山矾	51	0.67	13	1.78	1.51	3.37	2.22
石灰花楸	34	0.27	15	1.18	0.61	3.89	1.89
刺楸	37	0.21	15	1.29	0.47	3.89	1.88
红桦	63	0.37	14	2.19	0.84	3.63	2.22
巴山松	132	6.97	25	4.60	15.74	6.48	8.94
华山松	97	4.63	24	3.38	10.46	6.22	6.68
铁杉	21	0.23	7	0.73	0.52	1.81	1.02
小叶青冈	54	0.51	5	1.88	1.15	1.30	1.44
合计	2 871	44.28	386	100	100	100	100

幼龄林的乔木种类和数量都是最高的，乔木种类有 35 种，是成熟林的 1.75 倍左右。乔木数量是成熟林Ⅰ的 3.99 倍，成熟林Ⅱ的 5.03 倍，近熟林的 4.30 倍，中龄林的 3.40 倍。但断面积却是最小的，仅是成熟林Ⅰ的 10.28％，成熟林Ⅱ的 9.64％，近熟林的 10.75％，中龄林的 18.38％。各树种的数量也相对比较一致，阳性树种优势更明显，特别是出现了一些快速生长的树种，如檫木、桦木。说明该阶段中物种间竞争很大。从断面积来看，巴山水青冈虽然数量占据绝对优势，但由于该树种生长速度慢，平均胸径仅 1.85cm。一些速生树种单木蓄积量比水青冈大得多，但由于数量少，且呈聚集性分布或少量散生，无法对巴山水青冈幼树造成大的威胁。从重要值来看，巴山水青冈以数量和分布范围取胜，而灯台树、檫木、野核桃、香桦、巴山松、细叶青冈等由于生长速度快、胸径较大在幼龄林中占据了比较重要的位置（表 4-8）。

表 4-8 巴山水青冈幼龄林各树种重要值及分布

树种	株数 (株·hm⁻²)	断面积 (m²·hm⁻²)	出现样方数 (个·hm⁻²)	相对多度 (％)	相对优势度 (％)	相对频度 (％)	相对重要值 (％)
巴山水青冈	4 758	1.38	25	56.52	16.95	6.05	26.51
华千金榆	138	0.09	5	1.64	1.11	1.21	1.32
中华槭	153	0.08	9	1.82	0.98	2.18	1.66
杜鹃	140	0.13	7	1.66	1.60	1.69	1.65
粉白杜鹃	39	0.03	3	0.46	0.37	0.73	0.52
猫儿刺	15	0.02	7	0.18	0.25	1.21	0.54
五裂槭	91	0.11	7	1.08	1.35	1.69	1.38
鹅耳枥	64	0.14	4	0.76	1.72	0.97	1.15
灯台树	293	0.29	24	3.48	3.56	5.81	4.28
短柱柃	28	0.03	17	0.33	0.37	4.12	1.61
四照花	98	0.05	15	1.16	0.61	3.63	1.80
崖樱桃	127	0.04	17	1.51	0.49	4.12	2.04
野核桃	152	0.62	24	1.81	7.62	5.81	5.08
八月瓜	103	0.09	8	1.22	1.11	1.94	1.42
细叶青冈	223	0.32	23	2.65	3.93	5.57	4.05
曼青冈	111	0.12	21	1.32	1.47	5.08	2.63
多脉青冈	107	0.14	15	1.27	1.72	3.63	2.21

（续）

树种	株数 (株·hm^{-2})	断面积 (m^2·hm^{-2})	出现样方数 (个·hm^{-2})	相对多度 (%)	相对优势度 (%)	相对频度 (%)	相对重要值 (%)
巴东栎	155	0.29	17	1.84	3.56	4.12	3.17
檫木	181	0.82	9	2.15	10.07	2.18	4.80
锐齿槲栎	77	0.21	8	0.91	2.58	1.94	1.81
香桦	234	0.57	18	2.78	7.00	4.36	4.71
短柄枹栎	112	0.05	9	1.33	0.61	2.18	1.37
白辛树	16	0.03	3	0.19	0.37	0.73	0.43
叶萼山矾	39	0.03	6	0.46	0.37	1.45	0.76
石灰花楸	74	0.07	5	0.88	0.86	1.21	0.98
刺楸	229	0.23	11	2.72	2.83	2.66	2.74
红桦	61	0.18	7	0.72	2.21	1.69	1.54
巴山松	82	0.71	25	0.97	8.72	6.05	5.25
华山松	75	0.52	23	0.89	6.39	5.57	4.28
铁杉	157	0.25	6	1.86	3.07	1.45	2.13
小叶青冈	142	0.28	7	1.69	3.44	1.69	2.27
三尖杉	25	0.03	8	0.30	0.37	1.94	0.87
红豆杉	14	0.02	4	0.17	0.25	0.97	0.46
樟科树1	11	0.03	5	0.13	0.37	1.21	0.57
阔叶树1	95	0.14	13	1.13	1.72	3.15	2.00
合计	8 419	8.14	413	100	100	100	100

4.2.2.2 巴山水青冈林及次生林乔木物种多样性变化分析

由于历史上经历了不同的采伐干扰，又由于立地条件的差异，巴山水青冈林及其天然次生林的物种丰富度变化过程差异较大。在幼龄林中共调查到乔木树种35种，中龄林中30种，近熟林中21种，成熟林Ⅱ中18种，成熟林Ⅰ中20种。次生林中，阳性树和速生树占了很大比例。再从图4-1至图4-5可以看出，Gleason

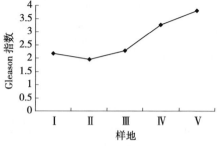

图4-1　各样地乔木层Gleason
指数变化趋势

指数、Simpson 指数和 Synthetic 指数变化的趋势基本一致，成熟林与近熟林基本一致，从近熟林到中龄林再到幼龄林逐渐上升。多样性变化和它们的物种数基本相当。各个样地的均匀度的结果与 Shannon-Wiener 指数变化趋势一致，成熟林Ⅰ、近熟林与幼龄林的均匀度最低，中龄林与成熟林Ⅱ达到最高，这说明巴山水青冈次生林由于建群种巴山水青冈生长速度缓慢，在幼龄林阶段有各种速生树种侵入形成局部优势，但到中龄林阶段，巴山水青冈利用高度等优势，逐步淘汰其他阳性树种，并取得优势，到近熟林阶段，占据支配地位的巴山水青冈内部竞争开始加剧，到成熟林阶段，林窗更新成为主要的更新方式。由此也说明各种次生林要恢复到顶级群落的水平需要很长的时间。Shannon-Wiener 指数在处理个数少于 100 时存在缺陷，与 Gleason 指数和 Simpson 指数的变化趋势差异很大，而 Synthetic 指数能很好地解决这一问题。

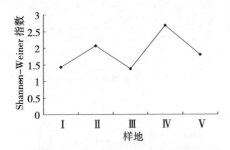

图 4-2　各样地乔木层 Shannon-Wiener 指数变化趋势

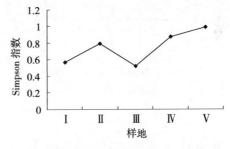

图 4-3　各样地乔木层 Simpson 指数变化趋势

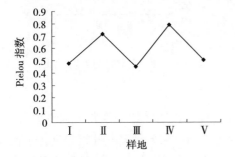

图 4-4　各样地乔木层 Pielou 指数变化趋势

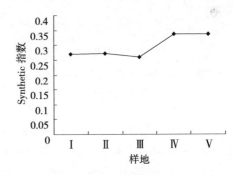

图 4-5　各样地乔木层 Synthetic 指数变化趋势

4.2.3　巴山水青冈林灌木多样性

在巴山水青冈林及其次生林中共调查到灌木163种,隶属47科96属。主要由杜鹃花科、蔷薇科、忍冬科、壳斗科等组成。由于立地条件和受到的采伐干扰历史不同,几个样地灌木层的差异很大。在5个样地中,幼龄林的物种数最多,达到159种,近熟林最少,仅34种。

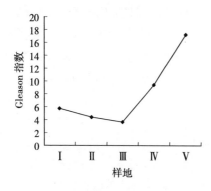

图4-6　各样地灌木层 Gleason
　　　　指数变化趋势

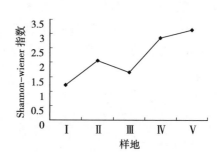

图4-7　各样地灌木层 Shannon-
　　　　Wiener 指数变化趋势

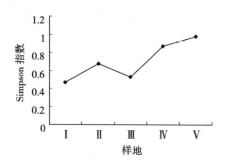

图4-8　各样地灌木层 Simpson
　　　　指数变化趋势

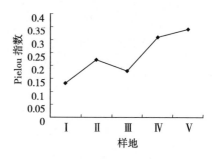

图4-9　各样地灌木层 Pielou
　　　　指数变化趋势

为了进一步比较巴山水青冈林及其次生林在生物多样性变化方面的差异,依据两个样地的灌木的株数、基径和频度等指标,用各种多样性指数进行了比较。从图4-6至图4-9可以看出,幼龄林的各项多样性指数都是最高的。物种丰富度顺序是:幼龄林>中龄林>成熟林>近熟林。物种多样性顺序是幼龄林>中龄林>成熟林Ⅱ>近熟林>成熟林Ⅰ。均匀度顺序是幼龄林>中龄林>

成熟林Ⅱ＞近熟林＞成熟林Ⅰ。由此判定巴山水青冈林与其次生林林下的灌木组成有显著差异。造成这种差异的原因除了立地条件的微小差异外，更可能是由于采伐干扰改善了中龄林和幼龄林下的光照等条件，导致灌木大量萌发，使单位面积内的灌木株数明显高于成熟林。成熟林Ⅱ多样性比较高可能是受坡位影响，林分郁闭度较低，光照比较充分的原因。

4.2.4 巴山水青冈林草本植物多样性

在巴山水青冈林及其次生林中共调查到草本104种，属于71属42科。主要由菊科、百合科、莎草科等组成。由于立地条件和受到的采伐干扰历史不同，几个样地草本层的差异很大。在5个样地中，幼龄林的物种数最多，达到97种，近熟林最少，仅31种。

为了进一步比较巴山水青冈林及其次生林在生物多样性变化方面的差异，依据两个样地的草本植物的株数、盖度和频度等指标，用各种多样性指数进行了比较。从图4-10至图4-13可以看出，草本层多样性情况与灌木层较为相似。幼龄林的各项多样性指数都是最高的。5个样地各种指标趋势基本一致。物种丰富度顺序是：幼龄林＞中龄林＞成熟林＞近熟林。物种多样性顺序是幼龄林＞中龄林＞成熟林Ⅰ＞成熟林Ⅱ＞近熟林。均匀度顺序也是幼龄林＞中龄林＞成熟林Ⅰ＞成熟林Ⅱ＞近熟林。由此判定巴山水青冈林与其次生林林下的草本植物组成有显著差异。造成这种差异的原因除了立地条件的微小差异外，

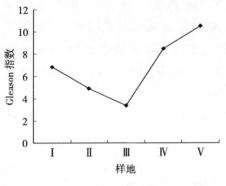

图4-10 各样地草本层 Gleason
指数变化趋势

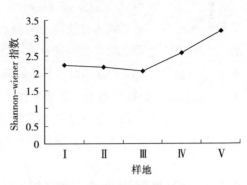

图4-11 各样地草本层 Shannon-
Wiener 指数变化趋势

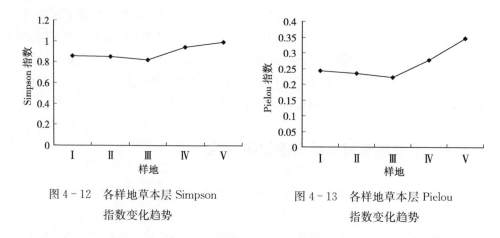

图 4 - 12　各样地草本层 Simpson
指数变化趋势

图 4 - 13　各样地草本层 Pielou
指数变化趋势

更可能是由于采伐干扰改善了中龄林和幼龄林下的光照等条件。虽然成熟林Ⅱ光照充足，但由于坡位原因导致草本数量较少。

4.2.5　物种多样性与土壤因子之间的关系

由表 4 - 9 可知，乔木层 Simpson 指数与铵态氮、硝态氮、有效磷、全钾、速效钾、蔗糖酶、磷酸酶、过氧化氢酶、容重、总空隙、毛管空隙、非毛管孔隙、通气孔隙度、初渗系数均显著负相关。其中硝态氮、磷酸酶与 Gleason 指数、Simpson 指数、Synthetic 指数均显著负相关。此外，Gleason 指数与毛管持水量、有机质显著负相关。

由表 4 - 10 可知，灌木层 Shannon-Wiener 指数、Simpson 指数、Pielou 指数与铵态氮、硝态氮、有效磷、全钾、速效钾、蔗糖酶、磷酸酶、过氧化氢酶、总空隙、毛管空隙、非毛管空隙、通气空隙、初渗系数显著负相关；与容重显著正相关。Shannon 指数、Pielou 指数与有机质、脲酶、稳渗系数显著负相关。Gleason 指数与各项土壤指标相关均不显著。

由表 4 - 11 可知，草本层仅硝态氮与 Shannon-Wiener 指数、Simpson 指数、Pielou 指数显著负相关，其他土壤因子与几个多样性指数相关均不显著。

4.2.6　乔木径级大小分布特征及分析

以巴山水青冈林 5 个样地的乔木为研究对象，对比分析它们在各个林分中

表 4-9　乔木层物种多样性与土壤因子的关系

指数	全氮	水解氮	铵态氮	硝态氮	全磷	有效磷	全钾	速效钾	有机质	蔗糖酶	脲酶
Gleason 指数	-0.365	-0.536	-0.856	-0.904*	-0.536	-0.798	-0.748	-0.807	-0.934*	-0.716	-0.617
Shannon-wiener 指数	-0.121	-0.585	-0.426	-0.601	-0.585	-0.514	-0.602	-0.586	-0.302	-0.707	-0.644
Simpson 指数	-0.665	-0.705	-0.887*	-0.947*	-0.705	-0.957*	-0.929*	-0.902*	-0.714	-0.938*	-0.842
Pielou 指数	-0.089	-0.485	-0.213	-0.375	-0.485	-0.338	-0.445	-0.398	-0.021	-0.566	-0.532
Synthetic 指数	-0.308	-0.571	-0.809	-0.925*	-0.571	-0.811	-0.786	-0.821	-0.816	-0.801	-0.678

指数	容重	总孔隙	毛管孔隙	非毛管孔隙	通气孔隙度	毛管持水量	非毛管持水量	初渗系数	稳渗系数	磷酸酶	过氧化氢酶
Gleason 指数	0.746	-0.799	-0.808	-0.639	-0.780	-0.889*	-0.616	-0.806	-0.644	-0.880*	-0.677
Shannon-wiener 指数	0.640	-0.649	-0.564	-0.575	-0.626	-0.461	-0.558	-0.640	-0.631	-0.632	-0.564
Simpson 指数	0.938*	-0.917*	-0.914*	-0.884*	-0.926*	-0.696	-0.504	-0.953*	-0.809	-0.936*	-0.931*
Pielou 指数	0.485	-0.467	-0.377	-0.460	-0.455	-0.197	-0.385	-0.461	-0.501	-0.416	-0.440
Synthetic 指数	0.800	-0.839	-0.817	-0.682	-0.818	-0.824	-0.612	-0.853	-0.687	-0.910*	-0.723

注：*、** 分别表示在 5% 和 1% 的水平上显著。

表4-10 灌木层物种多样性与土壤因子的关系

指数	全氮	水解氮	铵态氮	硝态氮	全磷	有效磷	全钾	速效钾	有机质	蔗糖酶	脲酶
Gleason指数	-0.513	-0.434	-0.852	-0.872	-0.434	-0.837	-0.736	-0.760	-0.849	-0.685	-0.564
Shannon-wiener指数	-0.614	-0.828	-0.953*	-0.995**	-0.828	-0.954*	-0.962**	-0.977**	-0.879*	-0.961**	-0.904*
Simpson指数	-0.622	-0.782	-0.950*	-0.997**	-0.782	-0.964**	-0.954*	-0.963**	-0.863	-0.952*	-0.878
Pielou指数	-0.614	-0.828	-0.953*	-0.995**	-0.828	-0.954*	-0.962**	-0.977**	-0.879*	-0.961**	-0.904*

指数	容重	总孔隙	毛管孔隙	非毛管孔隙	通气孔隙度	毛管持水量	非毛管持水量	初渗系数	稳渗系数	磷酸酶	过氧化氢酶
Gleason指数	0.728	-0.743	-0.780	-0.639	-0.746	-0.736	-0.379	-0.784	-0.561	-0.829	-0.711
Shannon-wiener指数	0.967**	-0.984**	-0.975**	-0.909*	-0.977**	-0.895*	-0.751	-0.986**	-0.906*	-0.999**	-0.921*
Simpson指数	0.959**	-0.970**	-0.965**	-0.896*	-0.966**	-0.861	-0.683	-0.983**	-0.873	-0.994**	-0.922*
Pielou指数	0.967**	-0.984**	-0.975**	-0.909*	-0.977**	-0.895*	-0.751	-0.986**	-0.906*	-0.999**	-0.921*

注：*、**分别表示在5%和1%的水平上显著。

表 4-11 草本层物种多样性与土壤因子的关系

指数	全氮	水解氮	铵态氮	硝态氮	全磷	有效磷	全钾	速效钾	有机质	蔗糖酶	脲酶
Gleason 指数	-0.252	-0.232	-0.668	-0.778	-0.232	-0.700	-0.590	-0.604	-0.662	-0.581	-0.401
Shannon-wiener 指数	-0.533	-0.455	-0.863	-0.886*	-0.455	-0.857	-0.759	-0.777	-0.843	-0.712	-0.590
Simpson 指数	-0.406	-0.471	-0.829	-0.912*	-0.471	-0.840	-0.765	-0.787	-0.812	-0.753	-0.611
Pielou 指数	-0.533	-0.455	-0.863	-0.886*	-0.455	-0.857	-0.759	-0.777	-0.843	-0.712	-0.590

指数	容重	总孔隙	毛管孔隙	非毛管孔隙	通气孔隙度	毛管持水量	非毛管持水量	初渗系数	稳渗系数	磷酸酶	过氧化氢酶
Gleason 指数	0.598	-0.613	-0.622	-0.468	-0.608	-0.574	-0.216	-0.669	-0.386	-0.727	-0.562
Shannon-wiener 指数	0.752	-0.763	-0.797	-0.665	-0.767	-0.734	-0.384	-0.805	-0.583	-0.845	-0.737
Simpson 指数	0.771	-0.792	-0.798	-0.659	-0.785	-0.752	-0.445	-0.829	-0.606	-0.878	-0.727
Pielou 指数	0.752	-0.763	-0.797	-0.665	-0.767	-0.734	-0.384	-0.805	-0.583	-0.845	-0.737

注：*、** 分别表示在 5% 和 1% 的水平上显著。

的径级特征，来进一步探讨采伐干扰对森林群落的影响。成熟林Ⅰ、成熟林Ⅱ与近熟林乔木径级分布呈多峰形，且建群种在各个径级都占据大多数，建群种属成熟种群。从图4-14中可见主林层对第二第三层乔木限制很大，对第四层林木限制较小。成熟林Ⅱ光照比成熟林Ⅰ更充足，因此第二、第三层乔木数量比成熟林Ⅰ多。近熟林主林层的乔木数量比成熟林要多，竞争激烈，对第二、第三层的限制作用更强，甚至对第四层的限制也有所加强。中龄林近似呈正态分布，由于野核桃等树种生长较快，第一层乔木数量也有一些。幼龄林则成反J形分布，1~5cm径级的乔木数量占了总数的90％以上，这样高的比例在其他阔叶林采伐地天然更新中鲜有报道。5个样地中巴山水青冈占了绝大多数，因此也可以看出巴山水青冈林下长期存在稳定的幼苗库和幼树库。

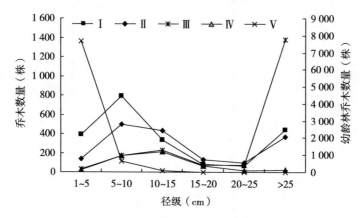

图4-14　巴山水青冈林乔木径级大小分布

4.3 讨论

巴山水青冈林及其次生林乔木层和灌木层的多样性变化表明：次生林内喜光乔木和灌木的侵入都增加了相应各层的物种多样性。如果把采伐强度和采伐时间作为一个干扰梯度来分析，幼龄林经历了最近的一次皆伐，受采伐干扰最大，处于次生演替的早期阶段，恢复时间较短；成熟林受到了很好的保护，群落更新稳定；近熟林经历了和中龄林一样的皆伐后，受到了严格的保护，恢复时间较长，大径木比例上升，乔木层结构更接近于成熟林，但林窗等较成熟林Ⅰ少。草本层、灌木层和乔木层的物种多样性变化符合中度干扰理论，即适当的干扰能提高群落的生物多样性，对巴山水青冈天然次生林来讲，采伐干扰是群落受到的主要干扰，大径木被砍伐后，处于演替层和更新层的中小径级的乔木被释压，树种株数增加，再加上阳性先锋树种的侵入，以及喜光灌木的大量萌发，最终导致生物多样性上升，这个结果和金永焕等（2006）的研究结果基本一致。也就是说，随着次生演替的正向进展，次生天然林的生物多样性将逐渐接近原始林。

本研究中，物种多样性随着群落的发展而降低。虽然皆伐属强度干扰，但离砍伐时间最近的幼龄林已过了 14 年，因此该结果能够用中度干扰理论解释。巴山水青冈林及其次生林乔木层 Simpson 指数，灌木层 Shannon-Wiener 指数、Simpson 指数、Pielou 指数与过氧化氢酶活性显著负相关。与杨万勤等（2001a）的研究结果相反。其原因是：随着群落向顶级群落发展，这两项研究中的过氧化氢酶活性都有升高的趋势，但多样性指数变化相反。与杨万勤等（2001b；2001c；2001d）的研究结果相似，速效钾、有效磷、速效氮与有机质都随着群落演替含量升高，且与全钾也显著相关。但多样性同样存在显著负相关关系。统计结果表明，灌木层与土壤理化性质相关关系最显著，乔木层次之，草本层最不显著，这可能与巴山水青冈林草本层不发达有关。

5

不同坡位巴山水青冈成熟林粗死
木质残体与林木更新研究

　　折冠、折干或整棵树的死亡影响森林养分循环、群落物种丰富度，是天然林自然更新过程中经常发生的事件。小规模森林干扰的类型与频率如树冠丢失与倒木取决于气候胁迫、基质物理特征及生物作用（Brokaw，1982；Putz & Milton，1982；Putz et al.，1983；Denslow，1987；Putz & Brokaw，1989）。整棵树、树的一部分或伴生的附生植物倒下后，引起有机质和营养波动可被根长在地面的植物所利用；增加森林地表的生物量，为陆生生物创造新的生境；减少树栖动物与附生植物可利用的资源，但同时为鸟类筑巢与种子散布提供了空间（Wheelwright et al.，1984）；增加幼苗、幼树和林下植物（Aide，1987；Gartner，1989；Kinsman，1990）；影响随之产生的林隙微气候，这可能阻碍或有利于某些植物种子的萌发（Putz & Milton，1982；Brandani et al.，1988；Swaine et al.，1990）。大部分对树木折断和死亡的研究集中在热带低地雨林（Matelson et al.，1995）。一般认为，较高海拔地区由于坡陡、土壤不稳定、风大等原因，树木毁坏与死亡的比例和频度要比低海拔地区高。植物也将适应山地环境而具有一些特征。由于幼龄林与中龄林胸径小的树木比例很高，干中折干、死亡的树木漏查的可能性较大，对于研究巴山水青冈林自然更新的方式意义不大，因此本节比较分析了相近海拔成熟林 I 和中坡位成熟林 II 树木折断和死亡的类型及比例，为了解巴山水青冈成熟林的更新和巴山水青冈造林、抚育提供理论依据。

5.1　材料与方法

建立了 2hm² 的研究样地，并分成 50 个 20m×20m 的样方。样方中所有胸径大于 5cm 的立木均被测量。2006 年 7 月到 2007 年 6 月做了较为细致的野外清查工作。枯立木仅凭当地林业工人的记忆及经验判断，折干木和掘根主要通过检测林窗边界木的生长释放来判断，但由于环境因子的复杂、经验不足，有时仍需要林业工人的帮助判断大致死亡时间。所有现存的胸径大于 5cm 的立木被计数。

我们统计了整个研究地每年树木毁坏、折断和倒木的数量。树木毁坏和死亡被分成 5 类：干中折干——树桩高度大于 0.5m；掘根——连根拔起倒下，裸露根球；压倒——由于邻近树砸中引起的折断和根倒；枯立木——树死亡但树干未折断也没有根拔；干基折干——树桩高度小于 0.5m。

5.2　结果与分析

图 5-1 和图 5-2 展示了成熟林 Ⅰ 和成熟林 Ⅱ 折断与死亡树木的径级分布（占总径的百分比），分成 5 类：SD 代表枯立木；KD 代表压倒；UP 代表掘根；SBS 代表干中折干；JZ 代表干基折干。

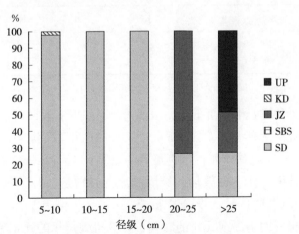

图 5-1　成熟林 Ⅰ 折断与死亡树木的径级分布（占总径的百分比）

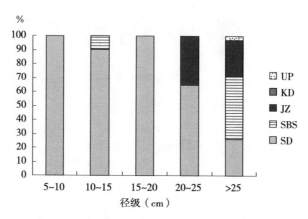

图 5-2　成熟林Ⅱ折断和死亡树木的径级分布（占总径的百分比）

5.2.1　成熟林Ⅰ树木折断与死亡

成熟林Ⅰ1hm² 研究样地的 1 336S 株树木中，301 株受到了严重的损伤。其中 10.6% 是干基折干的，3.0% 是掘根，1.7% 是被压断，84.7% 是枯立木（表 5-1）。各个径级分布及折断或死亡原因见图 5-1（占总径百分比），其中大径级树木毁坏或死亡的原因主要是干基折干和掘根，中小径级的主要是枯立木。

表 5-1　成熟林Ⅰ与成熟林Ⅱ林木毁坏的类型及数量

立地	SBS	JZ	KD	SD	UP	合计
成熟林Ⅰ	0	32	5	255	9	301
成熟林Ⅱ	17	17	0	149	1	184

注：SBS 代表干中折±，JZ 代表干基折干，KD 代表压倒，SD 代表枯立木，UP 代表掘根。

相对于整个种群，干中折干木、压断木、干基折干木、枯立木各径级比例与随机个体径级比例有显著差异（$P < 0.01$），折断和死亡的中大径级树木比期望的多（图 5-3），其中死亡比例最大的是胸径 15~10cm 的树木。从整个种群考虑，各种树木死亡或毁坏的原因的比例分别是：2.4% 是干基折干的，0.7% 根倒，19.1% 枯立木，0% 干中折干，0.37% 压倒。

根据 301 棵树的折断或死亡的时间，计算得到每年的死亡率是 18.8 棵每公顷 [5~20cm 胸径（DBH）16.8，>20cm DBH 2.1]。这表明每年各径级

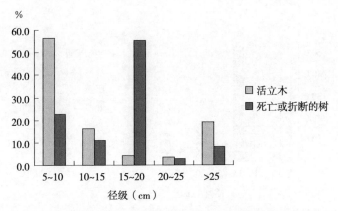

图 5 - 3　成熟林Ⅰ活立木与死亡或折断的 301 棵树径级比例分布

的死亡率在 1.4％左右（5～20cm DBH 1.6％，＞20cm DBH 0.7％）。较长寿命期望值［每年死亡树的平均比例的倒数（Putz&Milton，1982）］是 71 年（5～20cm DBH 61 年，＞20cm DBH 149 年）。周转的时间通过计算所有原有树死亡需要的年数获得［原有标记的树的数量/（死亡和折断的树的数量/观测时间）］（Uhl，1982），结果表明：5～20cm DBH 需要 61 年，＞20cm DBH 需要 149 年。

5.2.2　成熟林Ⅱ林木折断与死亡

成熟林Ⅱ1hm² 研究样地的 1 558 棵树木中，184 棵受到了严重的毁坏。其中 9.2％是干基折干的，0.5％根倒，81.0％枯立木，9.2％干中折干（表 5-1）。各个径级分布及毁坏或死亡原因见图 5-2（占总径百分比），其中大径级树木毁坏或死亡的原因主要是干基折干和干中折干，并有少数根拔，中小径级的主要是枯立木。

相对于整个种群，干基折干木、压断木、干基折干木、枯立木各径级比例与随机个体径级比例有显著差异（P＜0.01），毁坏和死亡的中大径级树木比期望的多（图 5-4），其中死亡比例最大的是胸径 10～15cm 的树木。从整个种群考虑，各种树木死亡或毁坏的原因的比例分别是：1.1％是干基折干的，0.000 6％是根倒，9.6％是枯立木，1.1％是干中折干，0％是压倒。

根据 184 棵树的毁坏或死亡的时间，计算得到每年的死亡率是 10.2 棵每公顷（5～20cm DBH 7.6，＞20cm DBH 2.7）。这表明每年各径级的死亡率在

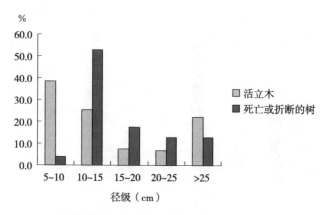

图 5-4　成熟林Ⅱ活立木与死亡或折断的 184 棵树径级比例分布

0.66％左右（5～20cm DBH 0.68％，＞20cm DBH 0.59％）。较长寿命期望值是 152 年（5～20cm DBH 147 年，＞20cm DBH 169 年）。周转的时间是：5～20cm DBH 147 年，＞20cm DBH 169 年。

5.3 讨论

本研究中每年树木死亡或折断的比例为：成熟林Ⅰ 1.4％，成熟林Ⅱ 0.66％，该数值显然低估了实际毁坏或死亡比例，因为胸径＜20cm 的树，特别是胸径＜10cm 的树十年左右死木已经腐烂完了。仅从统计的数值看，成熟林Ⅰ与热带森林中死亡或毁坏的比例相近（1％～3％）（Putz & Milton，1982；Uhl，1982；Lang & Knight，1983；Manokaran & Kochummen，1987；Swaine et al.，1990），其中大部分是低地地区的研究结果。但期望较长的寿命，周转时间，季节性的树木毁坏和死亡在其他森林超过了热带森林的范围之内，但与亚热带和温带阔叶林的周转时间等接近（刘金福等，2006；贺金生等，1999）。

潮湿陡峭的山地，强烈的季节风等可能增加树木毁坏的范围（Pocs，1980；Tanner，1980；Nadkarni，1984）。本研究结果表明成熟林Ⅱ折干木比例较大，与此观点一致。但成熟林Ⅱ（11.8％）死亡或折断木的比例却比成熟林Ⅰ（22.5％）低得多，成熟林Ⅰ的年死亡率甚至达到热带森林的水平（1％～3％）。推测与巴山水青冈本身的生理生态特性有关。根据南江林业局和大坝林场近二十年培育巴山水青冈的经验和相关数据，巴山水青冈是阳生树种，幼苗期需要遮阳，但成年树需要较强的光照。成熟林Ⅰ下层树木得不到充足的光照，枯立死亡的比例较高。

从死亡方式来看，成熟林Ⅰ胸径<20cm死亡或毁坏的树木绝大多数是枯立木，20～25cm胸径的主要是干基折干，25cm以上的有一部分根倒；而成熟林Ⅱ干中折干比例较大。如前所述，较大的风，陡峭的山地是造成成熟林Ⅱ折干比例较大的一个重要原因。我们仔细调查分析了两地树木干基折干和掘根的原因，发现成熟林Ⅰ湿度较大，光照较弱，可能促进了微生物的活动，干基折干之前基部都已开始腐烂，当根或干发生腐烂时，树木则更容易受到风害的影响（Whitney，1995）；而成熟林Ⅱ绝大多数是风直接吹断的。李政海等（1997）认为生物灾害是老龄林林窗产生的重要因素，低海拔地区生物病害引起的林窗面积占66%，而高海拔地区风干扰产生的林窗面积占72%，虽然本研究中折断和死亡的树大部分并没有形成林窗，不能在数值上进行直接对比，但在树木死亡原因上是一致的。成熟林Ⅱ掘根的比例较小则与土壤和水文有关。成熟林Ⅱ土壤水分少且结实，树木根系与成熟林Ⅰ相比更为发达。而成熟林Ⅰ土地肥沃，湿度较大，土质疏松。雨季的溪流可能将树木冲倒，故掘根数量反而比成熟林Ⅱ高。由于雨季多出的溪流的冲刷作用，径级小的树木可能有小部分被冲走而没有统计在内也是低死亡率的一个重要原因。

从径级来看，成熟林Ⅰ径级在15～20cm的死亡率最高，这一径级的树木本身消耗养分较多，但因成熟林Ⅰ光照弱，又无法进入林冠层，导致枯立死亡的比例很高。成熟林Ⅱ径级在10～15cm的死亡率最高，可能是光照较强，郁闭度比成熟林Ⅰ小造成的。

结合本研究结果和当地林场人工培育的经验，我们认为：可以在人工中龄林下套种培育水青冈幼苗。胸径大于20cm以上的可以适度择伐，以促进林木更新。

需要长期地记录这种现象，如在不同地点、不同群落、几十年的尺度上进行研究。比较这些研究结果以帮助确定影响林木更新和森林动态学过程。

6

林型与坡位对建群种巴山水青冈
幼苗光合生理的影响

光合作用被称为世界上最重要的化学反应（Theodore，1991）。从生态系统角度看，光合作用固定的太阳能作为生态系统的负熵流是维持生态系统高度有序的结构和生态系统的动态演化的主要驱动力。光合作用的多重功能使得它成为生态系统物质循环和能量流动研究、生产力形成机制与调控研究和全球碳平衡研究中的关键环节。光合作用也仍然是当今生理生态研究的重点和热点（蒋高明，2001）。

树种的光合作用特性反映了一个树种对 CO_2 和光的利用特点和对环境条件的要求（具体地说包括 CO_2 补偿点、光补偿点、光饱和点等）。关于林木光合作用速率也存在一些争议，如 Larcher（1980）认为木本植物光合速率低于草本植物，常绿树种低于落叶树种。但 Nelson（1984）认为物种间光合速率太相似，无法证实上述规律的普遍性。Ceulemans（1991）认为尽管林木光合速率较小，但其变化范围很大。

影响林木光合作用的主要环境因子有光照、温度、CO_2 浓度、水分、土壤肥力、大气污染物、农林业生产中使用的化学物质、虫害和病害（Saugier，1983；Graudillere、Mousseau，1988；Grieu、Aussenac，1988；Zelawski，1976）。所有能降低光合速率的环境条件都会减少光合碳固定（Schulze，1982；Walker、Scott，1972）。林木的光合作用对森林培育措施如疏伐、整枝、灌溉和施肥均有响应。

本章比较了不同坡位巴山水青冈原始林与皆伐后自然更新 14 年的次生林（幼龄林）的光合特征，研究了巴山水青冈幼苗光合作用的日动态、季节动态和光合能力，以认识群落生境差异对建群种——巴山水青冈生长的影响，为预测巴山水青冈林的光合生产力、估算它的碳平衡和水分平衡、巴山水青冈林的更新提供基础，为合理地经营巴山水青冈林提供科学的管理依据。

6.1 材料与方法

在成熟林Ⅰ、成熟林Ⅱ和幼龄林分别选择三年生巴山水青冈幼树5株。用美国产Licor-6400便携式光合作用测定系统（R型）进行活体测定。按照落叶树种的三个生长季节（生长初期、生长盛期、生长末期）选择枝顶第二片叶，在5月初、7月中旬、9月底测定叶片暗呼吸、光曲线、ACI曲线和光合日变化。ACI曲线设定CO_2浓度范围在$50\sim1\,500\,\mu molCO_2\,mol^{-1}$，光曲线设定光合有效辐射（PAR）范围在$0\sim2\,000\,\mu mol\,photons\cdot m^{-2}\cdot s^{-1}$。

6.2 结果与分析

通过对三个样地不同生长季节巴山水青冈叶片ACI曲线和Pn-PAR曲线的拟合，ACI、Pn-PAR拟合曲线见图6-1至图6-20。

6.2.1 巴山水青冈叶片光合作用对CO_2浓度变化响应的时间与空间动态

CO_2浓度与植物光合作用关系密切。在$0\sim350\,\mu molCO_2\,mol^{-1}$范围内，巴山水青冈的净光合速率在各季节均随$CO_2$浓度的增加呈直线上升。叶片的$CO_2$补偿点（CC）表现为生长末期＞生长盛期＞生长初期。巴山水青冈叶片的CC为$41\sim432\,\mu molCO_2\,mol^{-1}$，除去生长末期乔木，CC为$41\sim80\,\mu molCO_2\,mol^{-1}$。高于鹅掌楸的CC（郭志华等，1999）。较高的CC与C_3植物的光合特征吻合（Larcher，1995），但在生长末期，由于叶片衰老导致CC异常增高。

从空间动态来看，细胞间隙CO_2浓度（Ci）、PAR同等条件下，三个样地幼苗的光合速率在各个时期表现一致：幼龄林＞成熟林Ⅰ＞成熟林Ⅱ。生长初期叶片的CO_2补偿点（CC）表现为成熟林Ⅰ＞成熟林Ⅱ＞幼龄林。生长盛期成熟林Ⅰ＞成熟林Ⅱ＞幼龄林。生长末期成熟林Ⅱ＞成熟林Ⅰ≥幼龄林。在生长初期，由于气温较低、日照较短，光照是最大的限制因子。在这一阶段，光照条件较好的幼龄林和成熟林Ⅱ先后解除休眠，开始生长，而成熟林Ⅰ幼苗则要晚一段时间解除休眠。这可能是导致成熟林Ⅰ幼苗对低 CO_2 浓度比较

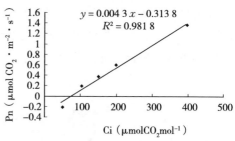

图6-1 生长初期成熟林Ⅰ巴山水青冈
幼苗对 CO_2 响应曲线

敏感的原因。随着时间的推移，光合能力较强的成熟林ⅠCC值逐渐降低到成熟林Ⅱ之下。到了生长末期，可能是由于水分、光照、风等自然条件影响，成熟林Ⅱ巴山水青冈幼苗由于风大、湿度小等原因，叶子衰老较快，光合能力迅速下降，CC值远远超过幼龄林与成熟林Ⅰ。成熟林Ⅱ幼苗光合较低，可能是根系不够深，缺水造成的。

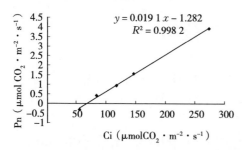

图6-2 生长盛期成熟林Ⅰ巴山水青冈
幼苗对 CO_2 响应曲线

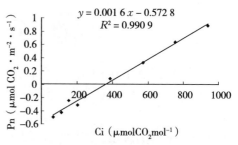

图6-3 生长末期成熟林Ⅰ巴山水青冈
幼苗对 CO_2 响应曲线

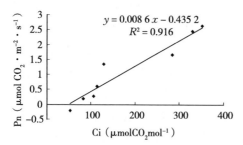

图6-4 生长初期成熟林Ⅱ巴山水青冈
幼苗对 CO_2 响应曲线

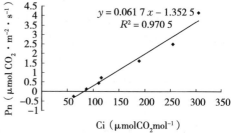

图6-5 生长盛期成熟林Ⅱ巴山水青冈
幼苗对 CO_2 响应曲线

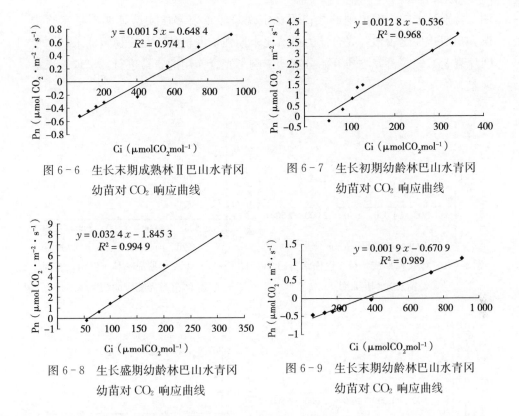

图 6-6　生长末期成熟林Ⅱ巴山水青冈
幼苗对 CO_2 响应曲线

图 6-7　生长初期幼龄林巴山水青冈
幼苗对 CO_2 响应曲线

图 6-8　生长盛期幼龄林巴山水青冈
幼苗对 CO_2 响应曲线

图 6-9　生长末期幼龄林巴山水青冈
幼苗对 CO_2 响应曲线

6.2.2　巴山水青冈叶片光合作用对光照强度响应的时间与空间动态

　　光是植物进行光合作用的必备条件。图 6-10 至图 6-18 表明，随着光强的增加，净光合速率呈增加趋势。光补偿点在三个生长季节变化规律是：生长末期＞生长盛期＞生长初期，但差异不大。光饱和点以生长盛期最高，其次是生长末期，生长初期最低。结合光补偿点（LCP）、光饱和点（LSP）的变化规律，说明叶片在生长初期对弱光利用效率较高，在末期对强光利用效率较高。LCP 变动范围为 $21\sim23\mu molphotons \cdot m^{-2} \cdot s^{-1}$，LSP 的变动范围在 $600\sim1\,000\mu molphotons \cdot m^{-2} \cdot s^{-1}$，在落叶阔叶树种的光补偿点（$20\sim50\mu molphotons \cdot m^{-2} \cdot s^{-1}$）和光饱和点（$>600\mu molphotons \cdot m^{-2} \cdot s^{-1}$）范围内（Larcher，1997）。从生长季来看，有两个特点：一是生长盛期光合能力最强，初期和末期较低；二是生长盛期叶片对光强的响应最稳定，生长初期和末期，特别是末期图中出现的数值不稳定现象经重复多次实验证明不是实验错误。初期叶片比较嫩，光合能力虽然比末期强，但仍然不是很稳定；末期由于叶片衰老，一些营养物质开始分解，影响了光合作用的正常进行，出现不稳定现象。

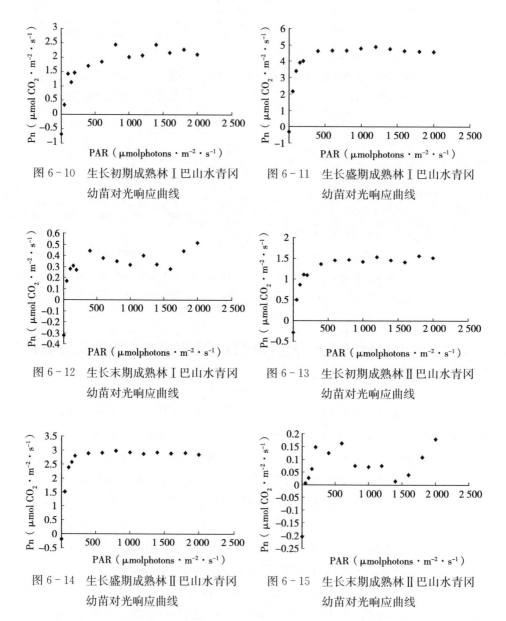

图 6-10 生长初期成熟林Ⅰ巴山水青冈幼苗对光响应曲线

图 6-11 生长盛期成熟林Ⅰ巴山水青冈幼苗对光响应曲线

图 6-12 生长末期成熟林Ⅰ巴山水青冈幼苗对光响应曲线

图 6-13 生长初期成熟林Ⅱ巴山水青冈幼苗对光响应曲线

图 6-14 生长盛期成熟林Ⅱ巴山水青冈幼苗对光响应曲线

图 6-15 生长末期成熟林Ⅱ巴山水青冈幼苗对光响应曲线

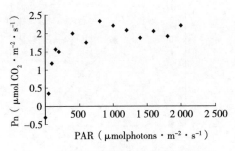

图 6-16　生长初期幼龄林巴山水青冈
幼苗对光响应曲线

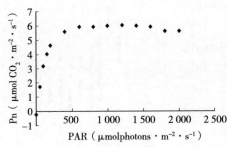

图 6-17　生长盛期幼龄林巴山水青冈
幼苗对光响应曲线

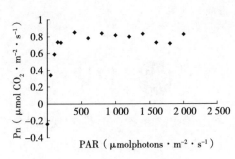

图 6-18　生长末期幼龄林巴山水青冈
幼苗对光响应曲线

从空间动态来看，三个样地幼苗光补偿点差异不大，幼龄林≥成熟林Ⅱ＞成熟林Ⅰ。光饱和点幼龄林＞成熟林Ⅱ≥成熟林Ⅰ。光合速率在各个时期表现出基本一致的规律：幼龄林＞成熟林Ⅰ＞成熟林Ⅱ。与ACI曲线类似，成熟林Ⅱ叶片在末期光合能力下降最快，且最不稳定。说明成熟林Ⅱ叶片衰老较快。

6.2.3　巴山水青冈幼苗生长光合日变化

净光合速率（Pn）代表了植物的生产力，与碳库估算等有重要的关系。巴山水青冈生长盛期净光合作用日变化见图 6-19 至图 6-20。巴山水青冈净光合作用日变化为单峰型曲线。三样地光合速率：幼龄林＞成熟林Ⅰ＞成熟林Ⅱ。

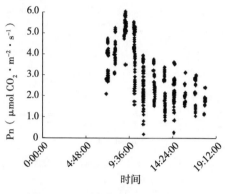

图 6-19　光合作用日变化散点图
（10 株树重复）

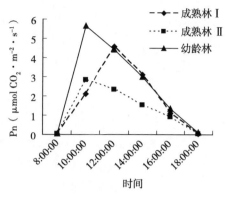

图 6-20　三样地 Pn 日变化

6.3　讨论

　　三个样地幼苗的净光合速率在各个时期表现基本一致：幼龄林＞成熟林Ⅰ＞成熟林Ⅱ。生长初期叶片的 CO_2 补偿点（CC）表现为成熟林Ⅰ＞成熟林Ⅱ＞幼龄林。生长盛期成熟林Ⅱ＞成熟林Ⅰ＞幼龄林。生长末期成熟林Ⅱ＞成熟林Ⅰ≥幼龄林。三个样地幼苗光补偿点幼龄林≥成熟林Ⅱ＞成熟林Ⅰ；光饱和点幼龄林＞成熟林Ⅱ≥成熟林Ⅰ。许多研究表明：同一植物光合速率日变化曲线的波形受其所处环境条件影响（易干军等，2003；高辉远等，1992）。阴性植物经适度遮阴后净光合速率大于其在全光照下（Meyer，1980；Regnier，1988；Stoller，1989；Fischer，2000），部分是由于全光照下叶片的气孔导度较低，以及阴处气孔增多造成的（Fanjul et al.，1985；Medina et al.，2002）。巴山水青冈在阴处气孔明显增多（胡进耀等，2007），但全光照下的幼龄林幼苗光合速率最高，说明巴山水青冈幼苗更新在全日照下能顺利进行，与 Nicolas Lanchier（2003）对欧洲水青冈的研究结果不一致，与第二章关于物种多样性的研究结果一致。随着光强的不断降低，叶片的光补偿点、光饱和点和暗呼吸速率降低是植物对弱光环境的生理适应。低光下，植物叶片的最大净光合速率降低。光补偿点和暗呼吸速率降低有利于碳的净积累（齐欣等，2004）。成熟林Ⅰ光补偿点的降低，幼龄林光饱和点的升高与此一致。

　　三个样地的巴山水青冈幼苗光合能力随生长季节变化的规律是一致的：生

长盛期＞生长初期＞生长末期，且后两个阶段，光合指标波动较大，CO_2 补偿点、光补偿点也较高。叶片的 CO_2 补偿点（CC）表现为生长末期＞生长盛期＞生长初期。光补偿点在三个生长季节变化规律是：生长末期＞生长盛期＞生长初期，但差异不大。光饱和点以生长盛期最高，其次是生长末期，生长初期最低。

巴山水青冈幼苗的光合日变化为单峰型曲线。三个样地的光合速率相对大小在日变化图中也有体现。成熟林Ⅱ与幼龄林光合日高峰在成熟林Ⅰ之前达到，可能是受光照的影响。

7 林分凋落物持水特性研究

森林凋落物是森林生态系统的重要组成部分。凋落物层结构疏松，具有很大的吸水能力和透水性，可以避免雨滴的击溅和径流的侵蚀，阻延径流流速，拦截泥沙，在植被的水文生态效益和保土功能方面起着十分重要的作用（王佑民，2000）。根据各国学者多年的调查研究，雨水降落林地为地被物吸收蓄存者占 25%（陶玉田等，1973）。随着水资源需求量的不断增加与水环境的恶化，水源涵养林越来越受到人们的重视。森林凋落物是森林水文效应的第二层次，其水源涵养效能的强弱及拦蓄大气降水的多少与本身的积累数量、分解状况和自然含水量有关（王凤友，1989；周厚诚等，2001）。许多学者在不同区域对多种森林的凋落物水源涵养功能进行了研究。森林的树种组成不同、林分所处的水热条件不同都对凋落物蓄积量有较大影响（高人等，2002）。因此不同森林类型由于其树种生物学特性与林分结构不同，水源涵养效应存在一定的差异。王佑民（2000）等认为今后应重点研究不同地区不同树种凋落物贮量的数学模型，枯枝落叶截留降水机理，不同地区不同树种凋落物截留水量及其数学模拟等。目前尚未见到关于巴山水青冈林凋落物持水特性动态和数学模拟的报道。我们对以上内容进行研究，以了解不同立地条件下该树种原始林与次生林凋落物层的水文变化规律和水源涵养林功能。

7.1 材料与方法

7.1.1 试验区自然概况

试验地位于四川省南江县米仓山国家森林公园内。该区位于北亚热带湿润季风气候四川盆地东北边缘区，气候温润宜人，特点为春秋相连，长冬无夏，秋季温凉而冬季寒冷；雨量丰沛，雨热同季。气候垂直变化较明显。区内年均气温 13℃，7 月均温 20℃，1 月均温 −2.5℃，极端高温 30℃，极端低温 −17℃，年均降水量 1 350mm，年均相对湿度 75%。

7.1.2 研究方法

在调查试验地的基础上，根据典型性和代表性的原则研究仍在四种林型 2 种坡位的 5 个样地上进行。随机在每个标准地内沿对角线设 1m×1m 样方 5 个，调查枯落层总厚度，并根据凋落物枝叶的分解状况分为 3 层：未分解层 A_0，由新鲜凋落物组成，原有颜色不变，保持原有形态；半分解层 A_{01}，已开始分解，外形破碎，但仍能辨出原形；已分解层 A_{02}，基本分解，已不能辨识原形（张洪江等，2003；宋轩等，2001）。

7.1.2.1 凋落物蓄积量测定

2006 年 11 月在每个试验地设置面积为 1m×1m 的凋落物收集筐 30 个，分别于 2007 年 5 月、7 月、9 月、11 月的月底测量凋落物鲜重，并各取部分凋落物测定含水率（11 月底到翌年 4 月底大雪封山无法采样，因巴山水青冈是落叶树种，12 月至翌年 5 月基本没有落叶，凋落物量极少，故这段时间没有隔 2 个月采一次样）。

7.1.2.2 不同分解程度凋落物自然含水量、饱和持水率、持水率与吸水速率的测定

2006 年 7 月，将一部分凋落物包埋在细网兜中，置于凋落物层。每隔 2 个月取样。另在已经设定好的样地内取 1m² 的凋落物（包括未分解和半分

解），分别做以下试验：

迅速称其鲜重，在 80℃ 下烘干称其干重，计算出每次取样平均自然含水量，每次 3 个重复。含水量计算公式为：$C=(m_1-m_2)/m_2\times100\%$，其中，$C$ 为凋落物自然含水量；m_1 为样品鲜重（g）；m_2 为样品干重（g）。

取得的样品采用室内浸泡法将风干的样品水浸 24h 后取出凋落物直到不再滴水时称重，计算出凋落物的饱和持水率，每次 3 个重复。其计算公式为：$S=(m_3-m_2)/m_2$，其中，S 为凋落物饱和持水率；m_3 为样品吸水后重（g）；m_2 为样品干重（g）。

将凋落物装入网袋后分别浸入水中 0.5、1、1.5、2、4、6、8、10 和 24h 后，取出并静置到凋落物不滴水时称重，做 3 个重复。凋落物持水量、凋落物持水率和凋落物吸水速率分别计算如下：凋落物持水量（$10^3 kg\cdot hm^{-2}$）＝［凋落物湿重（$kg\cdot m^{-2}$）－凋落物烘干重（$kg\cdot m^{-2}$）］$\times10$；凋落物持水率（％）＝（凋落物持水量/凋落物干重）$\times100$；凋落物吸水速率（$g\cdot kg^{-1}\cdot h^{-1}$）＝凋落物持水量（$g\cdot kg^{-1}$）/吸水时间（h）。

7.2 结果与分析

7.2.1 凋落量的时间动态

林分的树种组成、林木的生长状况、季节的变化等因素都会影响林地内的水热条件，而这些因素将影响凋落物的输入量、分解程度，从而影响林内凋落物的凋落量（林波等，2004）。

7.2.1.1 成熟林Ⅰ凋落量与含水量

成熟林Ⅰ全年凋落总量为 4.78t·hm^{-2}，月平均凋落量为 0.40t·hm^{-2}。月凋落量最大月出现在 9—11 月，为 3.98t·hm^{-2}。各月的凋落量分配极不平均，9—11 月的凋落总量占全年凋落量的 83.33％（图 7-1）。凋落物中水分含量最高的是 5 月，以后逐渐降低。这与雨季是 7 月不一致。5 月初水分主要来源于冰雪融化，此时气温依然不高，可能是凋落物水分含量高的原因。

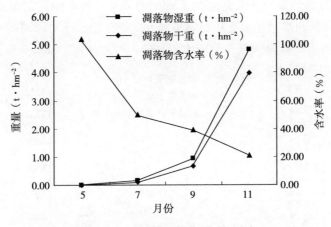

图 7-1 成熟林Ⅰ凋落量时间动态

7.2.1.2 成熟林Ⅱ凋落量与含水量

成熟林Ⅱ全年凋落总量为 3.04t·hm⁻²，月平均凋落量为 0.25t·hm⁻²。月凋落量最大月出现在 9—11 月，为 2.78t·hm⁻²。各月的凋落量分配极不平均，9—11 月的凋落总量占全年凋落量的 91.6%（图 7-2）。凋落物中水分含量最高的是 5 月，逐渐降低，与雨季不一致，与成熟林Ⅰ变化趋势基本一致。

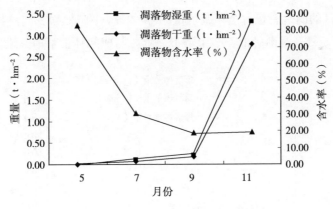

图 7-2 成熟林Ⅱ凋落量时间动态

7.2.1.3 近熟林凋落量与含水量

近熟林全年凋落总量为 3.14t·hm⁻²，月平均凋落量为 0.26t·hm⁻²。月凋落量最大月出现在 9—11 月，为 2.89t·hm⁻²。各月的凋落量分配极不平均，9—11 月的凋落总量占全年凋落量的 92.3%（图 7-3）。凋落物中水分含量最高的是 5 月，逐渐降低，与雨季不一致，与成熟林Ⅰ基本一致。

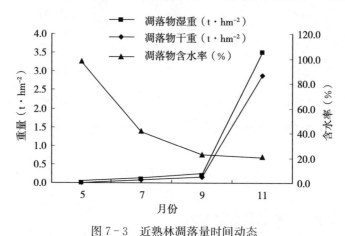

图 7-3　近熟林凋落量时间动态

7.2.1.4　中龄林凋落量与含水量

中龄林全年凋落总量为 1.42t·hm⁻²，月平均凋落量为 0.12t·hm⁻²。月凋落量最大月出现在 9—11 月，为 1.15t·hm⁻²。各月的凋落量分配极不平均，9—11 月的凋落总量占全年凋落量的 80.9%（图 7-4）。凋落物中水分含量最高的是 5 月，逐渐降低，与雨季不一致，与成熟林Ⅰ基本一致。

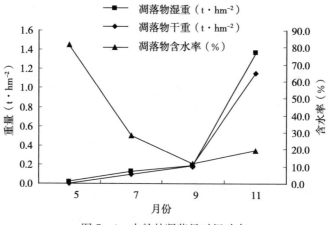

图 7-4　中龄林凋落量时间动态

7.2.1.5 幼龄林凋落量与含水量

幼龄林全年凋落总量为 0.31t·hm^{-2}，月平均凋落量为 0.03t·hm^{-2}。月凋落量最大月出现在 9—11 月，为 0.26t·hm^{-2}。各月的凋落量分配极不平均，9—11 月的凋落总量占全年凋落量的 85.7%（图 7-5）。凋落物中水分含量最高的是 5 月，逐渐降低，与雨季不一致，与成熟林Ⅰ基本一致。

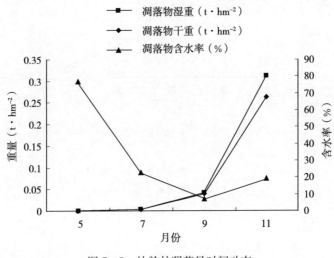

图 7-5　幼龄林凋落量时间动态

7.2.2　凋落物的空间动态

5 个样地的巴山水青冈林由于林型和坡位的差异，凋落量与凋落物含水量都有较大的差异。从林型上来说，年凋落量：成熟林＞近熟林＞中龄林＞幼龄林；含水量：成熟林＞近熟林＞中龄林＞幼龄林，与凋落量情况一致。从坡位上来说成熟林Ⅰ＞成熟林Ⅱ，也就是成熟林下坡位比中上坡位年凋落量大；凋落物含水量下坡位也高于中上坡位（图 7-6）。

7.2.2.1　5 个样地 5 月凋落量比较

从图 7-7 可以看出 5 月凋落量：成熟林Ⅰ＞中龄林＞成熟林Ⅱ＞近熟林＞幼龄林。含水量以成熟林Ⅰ最高，幼龄林最低。

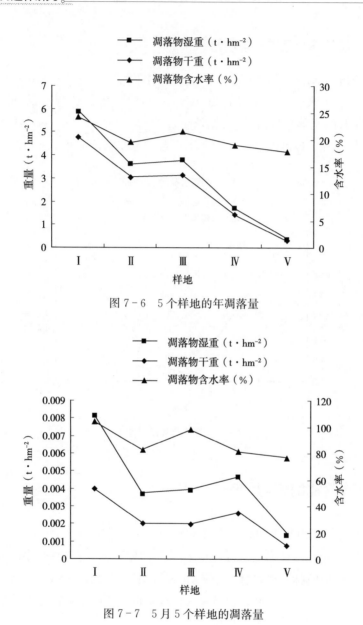

图 7-6　5 个样地的年凋落量

图 7-7　5 月 5 个样地的凋落量

7.2.2.2　5 个样地 7 月凋落量比较

从图 7-8 可以看出 7 月凋落量：成熟林 Ⅰ＞中龄林＞成熟林 Ⅱ＞近熟林＞幼龄林。含水量以成熟林 Ⅰ最高，幼龄林最低。与 5 月情况一致。

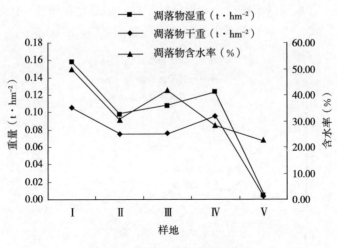

图 7-8 7月5个样地的凋落量

7.2.2.3 5个样地9月凋落量比较

从图 7-9 可以看出 9 月凋落量：成熟林Ⅰ＞成熟林Ⅱ＞近熟林＞中龄林＞幼龄林。含水量以成熟林Ⅰ最高，幼龄林最低。与 5 月情况一致。

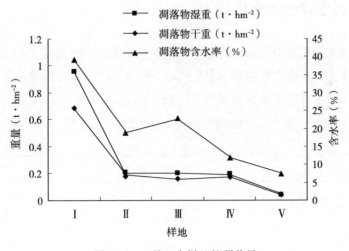

图 7-9 9月5个样地的凋落量

7.2.2.4 5个样地11月凋落量比较

从图 7-10 可以看出 11 月凋落量：成熟林Ⅰ＞近熟林＞成熟林Ⅱ＞中龄

林>幼龄林。含水量以成熟林Ⅰ和近熟林最高，但总量都很低，虽然图上看起来比较显著，实际上5个样地含水量差异不显著（$P>0.05$）。

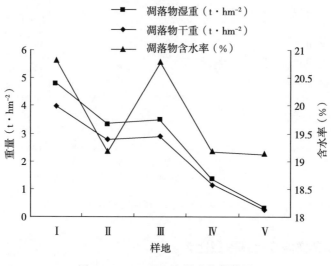

图7-10　11月5个样地的凋落量

7.2.3　凋落物的持水性能

凋落物的持水能力是整个森林生态系统水分循环中的重要一环，是反映凋落物水文作用的一个重要指标（郭安等，1999）。巴山水青冈林及其次生林下凋落物层持水量及其吸水速率见表7-1和表7-2。

表7-1　不同浸泡时间林下凋落物持水量变化

单位：$g \cdot kg^{-1}$

林型	浸泡时间（min）								
	30	60	90	120	240	360	480	960	1 440
Ⅰ	2 828	3 070	3 259	3 292	3 321	3 331	3 348	3 354	3 357
Ⅱ	2 436	2 583	2 655	2 741	2 848	2 928	2 932	3 040	3 140
Ⅲ	2 743	2 923	3 134	3 242	3 246	3 249	3 249	3 251	3 252
Ⅳ	3 464	3 821	4 136	4 233	4 239	4 256	4 260	4 264	4 265
Ⅴ	5 330	6 229	6 322	6 360	6 395	6 400	6 409	6 412	6 422

表 7 - 2　不同浸泡时间林下凋落物吸水速率变化

单位：$g \cdot kg^{-1} \cdot h^{-1}$

林型	浸泡时间（min）								
	30	60	90	120	240	360	480	960	1 440
I	5 656.48	242.07	125.77	16.67	7.21	1.57	2.24	0.36	0.12
II	4 871.25	147.85	47.58	42.99	26.88	13.22	0.55	6.72	4.19
III	5 486.48	179.90	140.71	53.83	1.15	0.45	0.02	0.12	0.01
IV	6 927.52	357.55	209.57	48.74	1.51	2.86	0.43	0.25	0.07
V	10 659.09	898.99	62.38	19.07	8.62	0.95	1.03	0.21	0.40

7.2.3.1　凋落物持水量

一般认为凋落物浸水一昼夜（24h）后的持水量为最大持水量（雷瑞德，1984）。由表 7 - 1 可知，幼龄林叶凋落物浸泡 24h 后持水量为 6 422g · kg^{-1}，是几种林地中最大的；其次为中龄林，其持水量为 4 265g · kg^{-1}；成熟林 I、成熟林 II 的持水量与近熟林差异不大，持水量为 3 140～3 357g · kg^{-1}。不同的环境，不同的树种，不同的凋落物组成，都可造成凋落物持水能力的不同（罗雷等，2005）。凋落物积累多、层次厚、分解快、分解较彻底，则具有孔隙多、细、小、吸水面大的特点，因而表面张力亦较大，其蓄水性能良好（林波等，2002）。宋轩等（2001）的研究也表明无论是吸水速率还是持水率都是已分解物＞半分解物＞未分解物。因此，导致几种林分林下凋落物持水量不同的原因，可能是由于各自凋落物的特性以及组成中未分解物、半分解物和已分解物所占比例不同造成的。

7.2.3.2　凋落物持水量与浸泡时间关系

巴山水青冈林及其次生林凋落物持水量与浸泡时间之间的关系见表 7 - 1、表 7 - 2 和图 7 - 11、图 7 - 12。从图 7 - 11 中可以看出，林下凋落物在各浸泡时间持水量幼龄林均高于其他林地，他们之间的关系是：幼龄林＞中龄林＞成熟林 I ＞近熟林＞成熟林 II。从图 7 - 12 凋落物吸水速率随浸泡时间变化的整个过程来看，各林分林下地表凋落物层浸入水中 0～1h 其持水量都有一个急速上升的过程，1h 后随着浸泡时间的延长枯落物层持水量增加变缓并趋于最大值。这一现象预示了在一定降水量足以浸湿地表枯落层的情况下，各林分林下凋落物前1h对降雨的吸持作用最强。根据林下凋落物1h持水率与平均自然含水率和蓄积量可以估算其1h内的最大拦蓄量，成熟林Ⅰ、成熟林Ⅱ、近熟林、中龄林、幼龄林分别可达到5.16t·hm^{-2}、5.46t·hm^{-2}、3.07t·hm^{-2}、2.39t·hm^{-2}和0.72t·hm^{-2}。

成熟林Ⅰ、成熟林Ⅱ、近熟林、中龄林、幼龄林林下凋落物浸泡1h持水量占其24h持水量的百分率分别为91.46%、82.27%、89.90%、89.59%和96.99%。

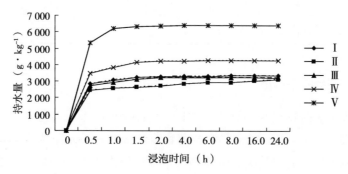

图7-11　凋落物持水量与浸泡时间关系

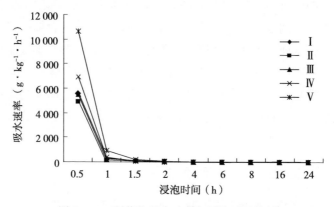

图7-12　凋落物吸水速率与浸泡时间关系

对巴山水青冈林及其次生林凋落物持水量与浸泡时间之间的关系进行回归分析，发现林下凋落物持水量与浸泡时间符合Logarmistic模型：$Q=a+b\ln t$，式中：Q——凋落物持水量（g·kg^{-1}）；t——浸泡时间（h）；a，b——方程系数。吸水速率与浸泡时间符合幂函数模型：$V=a·t^b$，式中：V——凋落物吸水速率（g·kg^{-1}·h^{-1}），t——浸泡时间（h）；a，b——方程系数。不同林分林下凋落物持水量、吸水速率与浸泡时间的关系式见表 7 - 3。

表 7 - 3　凋落物持水量、吸水速度与时间的关系式

林型	持水量 Q (g·kg^{-1}) 与时间 t (h) 的关系		吸水速度 V (g·kg^{-1}·h^{-1}) 与时间 t (h) 的关系	
成熟林 I	$Q = 3\,093.898 + 0.821\ln t$	$R^2 = 0.675$ Sig. $= 0.007$	$V = 321.126\, t^{-0.981}$	$R^2 = 0.096\,2$ Sig. $= 0.000$
成熟林 II	$Q = 2\,586.148 + 0.995\ln t$	$R^2 = 0.989$ Sig. $= 0.000$	$V = 233.151\, t^{-0.849}$	$R^2 = 0.721$ Sig. $= 0.004$
近熟林	$Q = 2\,995.076 + 0.802\ln t$	$R^2 = 0.643$ Sig. $= 0.009$	$V = 290.622\, t^{-0.965}$	$R^2 = 0.932$ Sig. $= 0.000$
中龄林	$Q = 3\,884.101 + 0.790\ln t$	$R^2 = 0.623$ Sig. $= 0.011$	$V = 436.690\, t^{-0.980}$	$R^2 = 0.960$ Sig. $= 0.000$
幼龄林	$Q = 6\,011.807 + 0.688\ln t$	$R^2 = 0.473$ Sig. $= 0.041$	$V = 422.817\, t^{-0.958}$	$R^2 = 0.917$ Sig. $= 0.000$

7.2.3.3　凋落物层对降雨的拦蓄能力

巴山水青冈林及其次生林对降雨的拦蓄能力如表 7 - 4。林下凋落物层的最大持水量是由其最大持水率和现存量决定的，从表 7 - 4 可以看出，虽然次生林最大持水率较高，但由于年凋落量小、分解速度快导致蓄积量比成熟林小很多，凋落物层最大蓄水量降低，5 个样地由于树种不同，凋落物最大持水率和蓄积量不同使得凋落物层最大持水量也不同。最大持水率：幼龄林＞中龄林＞成熟林 I ＞近熟林＞成熟林 II。最大持水量：成熟林 I ＞成熟林 II ＞近熟林＞中龄林＞幼龄林。

表 7 - 4　凋落物层对降雨的拦蓄能力变化

林型	最大持水率 (%)	最大持水量 (t·hm^{-2})	最大拦蓄率 (%)	最大拦蓄量 (t·hm^{-2})	有效拦蓄率 (%)	有效拦蓄量 (t·hm^{-2})
成熟林 I	3.36	10.24	1.98	6.04	1.48	4.50
成熟林 II	3.14	8.92	2.48	7.04	2.01	5.70
近熟林	3.25	6.54	1.86	3.73	1.37	2.75
中龄林	4.27	3.80	3.14	2.79	2.50	2.22
幼龄林	6.42	0.96	4.99	0.75	4.02	0.60

根据凋落物层最大持水率和平均自然含水率，可以计算其最大拦蓄率，再结合其蓄积量可计算出其最大拦蓄量，最大拦蓄量反映了凋落物层对降雨的潜在拦蓄能力。巴山水青冈幼龄林凋落物层最大拦蓄率是最高的，达 4.99%，近熟林最低，达 1.86%。最大拦蓄量以成熟林Ⅱ最高。最大拦蓄率：幼龄林＞中龄林＞成熟林Ⅱ＞成熟林Ⅰ＞近熟林。由于成熟林Ⅱ凋落物自然含水率小、分解慢、蓄积量大，最大拦蓄量：成熟林Ⅱ＞成熟林Ⅰ＞近熟林＞中龄林＞幼龄林。

在自然条件下山地森林的坡面不会出现较长时间的浸水条件，落到凋落物上的雨水，一部分被它拦蓄，一部分透过孔隙很快入渗到土壤中去，余下部分形成地表径流流失，而最大持水率（量）是将林下凋落物试样浸水 24h 后测定的结果，所以最大持水率（量）及最大拦蓄率（量）一般只能反映凋落物的持水能力大小，不能反映对实际降水的拦蓄情况（朱丽晖等，2001；高人等，2002）。雷瑞德（1984）的研究表明，当降水量达到 20～30mm 以后，不论哪种植被类型凋落物，实际持水率约为最大持水率的 85% 左右。所以用最大持水率来估算凋落物对降水的拦蓄能力则偏高，不符合它对降水的实际拦蓄效果，一般用有效拦蓄量估算凋落物层对降水的实际拦蓄量，即 $W = (0.85 R_m - R_o) M$，式中：W——有效拦蓄量（$t \cdot hm^{-2}$）；R_m——最大持水率（%）；R_o——平均自然含水率（%）；M——凋落物累积量（$t \cdot hm^{-2}$）。林下凋落物层有效拦蓄率：幼龄林＞中龄林＞成熟林Ⅱ＞成熟林Ⅰ＞近熟林。有效拦蓄量：成熟林Ⅱ＞成熟林Ⅰ＞近熟林＞中龄林＞幼龄林。

7.3 讨论

5 个样地中，凋落物层年凋落量大小关系为：成熟林＞近熟林＞中龄林＞幼龄林；含水量成熟林＞近熟林＞中龄林＞幼龄林，与凋落量情况一致。从坡位上来说成熟林Ⅰ＞成熟林Ⅱ，也就是成熟林下坡位比中上坡位年凋落量大；凋落物含水量下坡位也高于中上坡位。巴山水青冈林具有明显的凋落高峰期，呈现出单峰型曲线。每个样地一年中凋落量大小的顺序是：11 月＞9 月＞7 月＞5 月。由于各样地树种组成不同，每次取样各样地的蓄积量多少与年凋落量有一些差异。用浸泡法测定 5 个样地的凋落物的持水性能，结果表明，从凋落物持水率的角度来看，幼龄林的凋落物持水率最高，而成熟林Ⅱ的凋落物持水率最低。但是，综合凋落物层蓄积量、持水率和自然含水率三个方面的结果，最大持水量：成熟林Ⅰ＞成熟林Ⅱ＞近熟林＞中龄林＞幼龄林；最大拦蓄量：成熟林Ⅱ＞成熟林Ⅰ＞近熟林＞中龄林＞幼龄林；有效拦蓄量：成熟林Ⅱ＞成熟林Ⅰ＞近熟林＞中龄林＞幼龄林。因此巴山水青冈成熟林的水源涵养功能是最好的。

　　一般认为，凋落物最大持水量为其自身重量的 2～4 倍，5 个样地凋落物持水量的研究结果与这个规律基本吻合，但幼龄林与中龄林高于这个水平。凋落物在降雨过程前期 2h 对降雨的吸持具有更重要的作用和意义，有研究表明，凋落物持水作用主要表现在降雨前期的 2h 内，特别是前 30min 以内（龚伟等，2006），本研究结果与这些研究基本一致，但在本研究中，蓄水作用主要表现在降雨前期的 1h 内，1h 后吸水作用开始缓和。1h 内的最大拦蓄量：成熟林Ⅱ（5.46t·hm^{-2}）＞成熟林Ⅰ（5.16t·hm^{-2}）＞近熟林（3.07t·hm^{-2}）＞中龄林（2.39t·hm^{-2}）＞幼龄林（0.72t·hm^{-2}）。对凋落物持水量与浸泡时间进行曲线拟合，发现两者存在 Logarmistic 函数关系：$Q = a\ln t + b$，这与王云琦等（2004）的研究结果相同。凋落物吸水速率与浸泡时间存在幂函数的关系：$V = at^b$，这与龚伟等（2006）、程金花等（2002）和张洪江等（2003）对枯落物层吸水速与浸泡时间进行分析得到的关系式相同，与王云琦等（2004）得到的关系式：$V = k/t + c$ 不同。

　　枯落物层具有缓冲雨水功能，能避免受雨水溅击而导致土壤结构破坏，并能调节和阻滞地表径流，增加土壤下渗水，减少径流量和流速（陈开伍，2000）。枯落物层较厚，吸水、保水能力强，森林的水源涵养作用就大，发生地表径流的概率就小（贾守信等，1984）。中野秀章（1976）认为，缓和地表径流功能强的最终特征是叶量多，落叶时间集中，且不易流失。所以落叶树种在水源涵养方面有很大的优势。从以上研究结果来看，在米仓山国家森林公园，巴山水青冈成熟林在水源涵养功能方面起着良好的作用，应禁止偷伐等行为，人为促进群落演替，恢复生态功能。

林分土壤水源涵养功能变化

　　林地土壤是森林涵养水源的主体，林地具有大量腐朽根系所形成的孔隙、动物打洞所形成的孔穴和其他非毛管孔隙；同时也具有较高的有机质含量和较多的水稳性团聚体。因此，地表凋落物层所截持的降水可沿着土壤孔隙下渗，贮存于土壤孔隙中或转变为地下径流。林地土壤对降水的涵养调节功能，主要体现在林地土壤对水分的静态涵养能力（蓄水能力）和动态调节能力（渗透性能）上（陈礼光等，1999），这两方面功能的强弱直接影响着降水经过森林群落再分配后的时空分布状况，尤其对地表径流、土壤潜流以及地下水的补给有重要影响（郑郁善等，2000）。

　　自20世纪70年代"环境与发展"成为国际社会关注的重大问题以来，人们对森林的生态作用给予了特别关注，把解决世界性环境问题寄希望于森林生态作用的充分发挥（王金等，2001）。森林具有保持水土、涵养水源、改善生态环境等功能，森林的水源涵养功能是森林生态系统的重要功能之一，不同森林类型由于其树种生物学特性与林分结构的不同，其林分的水源涵养效应存在一定的差异（姜志林，1984；张国防等，2000；陈卓梅等，2002；潘紫重等，2002）。森林群落的地上部分通过截留降雨，能削弱降雨侵蚀力，降低径流冲刷力。但是林木地上部分的持水量通常仅占林分水源涵养能力的15％以下；而森林土壤则是森林涵养水源的主体（蒋秋怡，1989；郑郁善等，1997）。森林地上部分的持水性能主要由林冠层的持水性能、林下植被层的持水性能和凋落物层的持水性能三者加以体现，不同的森林类型，其树种组成不一样，群落的结构存在差异，对降雨的拦蓄能力不同，这种差别是评价不同森林类型水源涵养功能的一个重要数量特征，也是区域内生态环境评价与维护的重要依据

（姜志林，1984）。土壤层是水源涵养林水文效应的第三活动层，林下降水在此处进行第 3 次分配，即通过林冠层和枯枝落叶层的水分，储存在土中，被根系吸收。通过蒸腾与土面蒸发后，最后多余的水量渗透到土壤下层成为地下水保存下来或以潜流流出林外。在一个森林生态系统中，有根系的土层是巨大的水分贮蓄库和水文调节器。林地土壤是一座天然的大水库，降雨能沿着土壤空隙下渗，成为土壤贮水和地下径流，从而表现出林分涵养水源和保持水土的功能。然而不同树种组成的林分因林冠层、下木及活地被物层、枯落物层和根系层均有一定程度的差异，从而影响林冠层、枯落物层、根系土壤层截持雨水、调节水源、贮蓄水分的功能，导致不同林分的森林水文效应不同（姜志林，1984；赖仕嶂，1990；郑郁善，1995）。

8.1　材料与方法

8.1.1　试验区自然概况

见 4.1.1.1。

8.1.2　研究方法

根据典型性和代表性的原则（宋永昌，2001），在坡向、坡度、坡位和海拔高度基本一致的前提下，在 5 个永久样地内各设置 3 个 20m×20m 标准样方（共 15 个）。在每个标准方内采用"S"形 5 点取样法（LY/T 1210—1999）按 0～20cm、30～50cm 土层用环刀分别取 5 个土壤样品并分层混合，代表该标准样方土壤样品，用以测定土壤水分物理性质（LY/T 1215—1999）和渗透性能（马雪华等，1994）。测定时间在 2007 年 7 月下旬进行。

8.2　结果与分析

土壤容重和孔隙度是反映土壤物理性质的重要参数，前者反映土壤结构、透气性、透水性能、保水能力和根系伸展时阻力的大小，后者是土壤中养分、水分、空气和微生物等的迁移通道、贮存库和活动场所（孙艳红等，2006；王光玉，2003）。土壤孔隙状况与土壤团聚体直径、土壤质地以及土壤有机、无机胶体含量紧密相关，其状况的好坏对土壤中的水、肥、气、热状况以及土壤水源涵养能力有显著影响（林建椿，2007）。森林土壤涵养水分能力取决于土壤和森林植物的综合状况，落到林地上的部分雨水涵养于土壤孔隙内，主要蓄于非毛管孔隙内，因此非毛管孔隙的多少与土壤涵养水分的能力密切相关。由表8-1可知，在0~20cm和20~40cm土层中，土壤容重的特征是成熟林Ⅰ＜近熟林＜成熟林Ⅱ＜中龄林＜幼龄林，非毛管孔隙度的大小则与此相反，成熟林Ⅰ的非毛管孔隙度最高，反映其具有良好的土壤结构。从坡位比较看，低坡位容重低于高坡位（成熟林Ⅰ＜成熟林Ⅱ），从林型更新看，成熟林土壤孔隙度大于天然次生林，近熟林因为坡位较低，更新时间早，容重低于高坡位的成熟林。从土壤容重和土壤孔隙度的变化特点反映出巴山水青冈林龄级的变化对土壤涵养水源的能力有一定的影响，说明巴山水青冈林对该地带生态环境的维护具有重大意义。

表 8-1 0~40cm 土层土壤容重和孔隙状况变化

样地	土层（cm）	容重（g·cm⁻³）	总孔隙（%）	毛管孔隙（%）	非毛管孔隙（%）	通气孔隙度（%）
成熟林Ⅰ	0~20	0.54±0.04	63.8±2.7	54.7±3.6	9.1±1.8	59.28±2.5
	20~40	0.58±0.03	59.8±2.3	51.3±3.8	8.5±2.3	56.30±2.1
成熟林Ⅱ	0~20	0.69±0.07	53.3±2.6	46.5±4.0	6.8±2.6	49.25±4.3
	20~40	0.73±0.05	51.2±1.8	44.7±3.7	6.5±3.1	48.02±3.9
近熟林	0~20	0.61±0.13	57.4±2.5	49.5±3.6	7.9±3.5	53.73±2.8
	20~40	0.67±0.10	55.8±2.3	48.3±3.5	7.5±3.9	51.69±3.1
中龄林	0~20	0.72±0.06	48.6±2.1	43.7±3.6	6.9±2.8	46.15±3.7
	20~40	0.75±0.04	46.7±2.8	40.3±3.9	6.4±2.5	43.82±3.2
幼龄林	0~20	0.77±0.08	45.7±3.1	39.6±2.6	6.1±2.7	42.64±3.1
	20~40	0.81±0.07	41.0±2.4	35.1±3.1	5.9±2.2	38.49±2.7

8.2.1 土壤持水性能力

土壤持水性是指土壤对水分蓄积和保持的能力，主要受土壤质地和孔隙等土壤物理性质影响。土壤持水能力通常以一定土层饱和持水量、田间持水量和有效持水量（田间持水量减去凋萎湿度持水量）来度量，而有效持水量更能表明土壤对植物需水的保证程度。森林群落中所具有的较厚的林冠层和灌木层、草本层、凋落物层形成了多层次林分结构，它拦截降雨，降低了径流冲刷力，从而在陆地生态系统中表现出最佳的水源涵养功能。森林通过林冠层、灌草层和凋落物层以及土壤层实现涵养水源功能，涵养水源功能的大小取决于林分的结构（张建列等，1988）。对于由同一乔木树种所形成的林分，其形成时间或年龄阶段不同，其地上部分持水能力的差异与林分林冠层生物量、枝叶比、叶面积指数、叶表面粗糙度，活地被物种类、数量、组成及凋落物层的性质、厚度和数量等有关。年龄阶段不同，地上部分持水能力不同。林下植被持水性能的强弱，也能直接影响着雨水到达地表后的行为。由表8-2可知，巴山水青冈林下土壤持水率大小存在一定差异，就相同林型看，低坡位成熟林土壤持水能力更强，其大小依次是成熟林Ⅰ＞成熟林Ⅱ＞近熟林＞中龄林＞幼龄林，0～20cm土壤持水能力要高于20～40cm。巴山水青冈林下土壤持水量的大小与其生物量大小有关，成熟林Ⅰ、成熟林Ⅱ和近熟林生物量都比其他2个样地大，持水量亦依此序。幼龄林的林下植被生物量小，其林分结构多小树和草本，因此拦蓄降雨数量也相对较小。

表8-2 0～40cm土层土壤持水量与排水能力变化

样地	土层（cm）	最大持水量（mm）	最小持水量（mm）	毛管持水量（mm）	非毛管持水量（mm）	排水能力（mm）
成熟林Ⅰ	0～20	141.3±1.7	103.5±2.4	118.7±3.8	22.6±2.2	37.8±2.3
	20～40	133.3±3.5	98.3±2.1	112.5±2.2	20.8±2.7	35.0±2.6
	0～40	274.6±5.1	201.8±1.7	231.2±2.7	43.4±3.5	72.8±1.9
成熟林Ⅱ	0～20	130.7±3.3	88.1±3.2	113.1±2.1	17.6±1.4	42.6±1.4
	20～40	117.6±1.8	84.7±2.7	102.4±1.7	15.2±1.2	32.9±1.7
	0～40	248.3±14.4	172.8±1.3	215.5±2.6	32.8±1.9	75.5±2.4

（续）

样地	土层（cm）	最大持水量（mm）	最小持水量（mm）	毛管持水量（mm）	非毛管持水量（mm）	排水能力（mm）
近熟林	0～20	127.2±1.0	90.7±1.7	105.9±4.2	14.3±2.1	36.5±1.8
	20～40	113.6±0.63	88.2±1.8	100.8±3.9	12.8±2.6	25.4±3.1
	0～40	233.8±2.5	181.9±4.3	206.7±3.4	27.1±1.8	61.9±2.6
中龄林	0～20	112.6±1.1	84.5±3.1	98.7±1.2	11.9±2.3	28.1±3.3
	20～40	103.0±1.7	81.4±3.3	93.6±1.6	11.4±3.8	21.6±2.5
	0～40	215.6±1.3	165.9±1.2	192.3±2.4	23.3±3.4	49.7±4.7
幼龄林	0～20	110.4±1.1	83.9±2.9	96.1±5.4	14.3±4.2	26.5±5.4
	20～40	98.4±1.0	79.7±1.7	90.7±5.9	7.7±5.1	18.7±4.9
	0～40	208.8±1.9	163.6±1.6	186.8±3.8	22.0±3.6	45.2±6.1

8.2.2　土壤排水能力

土壤的排水能力是由最大持水量与最小持水量的差值决定的，由于巴山水青冈林5个样地最大持水量和最小持水量的变化，引起林地排水能力的差异。从表8-2可以看出，各样地0～20cm土壤排水能力均高于20～40cm土壤，成熟林Ⅱ的排水能力高于成熟林Ⅰ，可能是由于这两个样地都属于成熟林，土壤性能较好，但成熟林Ⅱ样地坡度相对较高，植物密度较低的原因，土壤排水能力反而更高。在中龄林和幼龄林，这2个样地生境较为相似，土壤排水能力比较接近。

8.2.3　土壤渗透能力

土壤渗透能力的大小决定了林地土壤水源涵养、保持水土的功能和效益，其主要取决于土壤水分的物理性质，与土壤容重、非毛管孔隙、排水能力密切相关，而上述土壤水分物理性质的因子又与土壤腐殖质数量的多寡、品质的好坏关系密切。土壤渗透性能的改善将提高林地土壤的涵养水源、保持水土的功能。

森林通过林冠层、林下植被层、凋落物层和林地土壤层对雨水的涵蓄后，除了部分供应林木生长发育所需及蒸发外，通过林地土壤渗透，大部分所涵蓄的水以渗透地下水的潜流形式慢慢地汇入江河，土壤的渗透性能可以反映出这一作用的强弱。由表 8-3 可知，巴山水青冈林 0～20cm 土层的初渗值均高于20～40cm 土层的初渗值，各样地之间初渗值的关系是成熟林 I ＞近熟林＞成熟林 II ＞中龄林＞幼龄林，其中成熟林 II 和近熟林比较接近、中龄林和幼龄林较为接近。这表明巴山水青冈林龄级较高的样地，渗透性能较强，与其较好的土壤结构有关。由于巴山水青冈人工林在砍伐和营造过程中，普遍导致水土流失，地力下降，加上林下植被较单一，生物对土壤的改良作用亦被削弱，土壤结构变得不良，进而影响到林地土壤的水源涵养功能。表 8-3 同时表明，巴山水青冈幼龄林的容重较大，有机质含量、非毛管孔隙和毛管孔隙均低于其他样地，自然地导致其较低的水源涵养功能。因此，从维持水源涵养功能出发，天然林的保护意义重大，而对于巴山水青冈成熟林来说，不仅可以作为一个濒危种群予以保护，同时亦发挥出其良好的水源涵养功能。

表 8-3 0～40cm 土层土壤渗透性变化

样地	土层 (cm)	渗透速率（mm·min^{-1}）		渗透系数 k_{10}（mm·min^{-1}）	
		初渗	稳渗	初渗	稳渗
成熟林 I	0～20	17.25±2.01	5.96±2.59	6.27±1.87	1.95±0.91
	20～40	15.87±2.43	4.21±3.01	5.53±2.64	1.42±0.86
成熟林 II	0～20	11.05±2.96	3.93±1.86	4.08±1.32	0.97±0.63
	20～40	9.73±2.54	2.08±1.21	3.15±1.48	0.83±0.45
近熟林	0～20	14.36±1.76	4.28±1.34	5.29±2.25	1.22±0.88
	20～40	11.98±2.05	3.17±1.93	4.36±2.36	0.94±0.23
中龄林	0～20	8.64±2.33	2.50±0.69	3.24±1.12	0.79±0.69
	20～40	6.35±1.89	1.75±0.91	2.77±1.06	0.71±0.57
幼龄林	0～20	7.79±1.37	1.85±1.16	2.38±0.99	0.68±0.53
	20～40	6.28±1.62	1.15±0.74	1.97±0.85	0.45±0.61

8.2.4 土壤水源涵养功能相关分析

各样地 0～20cm 和 20～40cm 土层土壤水源涵养功能相关分析结果如表 8-4所示。从表 8-4可以看出，容重、毛管孔隙、非毛管孔隙、通气孔隙

表8-4 0~40cm土层土壤水源涵养功能相关性分析

指标	容重	总孔隙	毛管孔隙	非毛管孔隙	通气孔隙度	最大持水量	最小持水量	毛管持水量	非毛管持水量	排水能力	初渗系数	稳渗系数	容重
容重	1.000	-0.824*	0.880*	0.902*	0.858*	0.879*	0.925*	0.872*	0.937*	0.863*	0.940*	0.832*	0.813*
总孔隙		1.000	-0.988**	-0.982**	-0.992**	-0.991**	-0.913*	-0.961**	-0.886*	-0.851*	-0.702*	-0.997**	-0.979**
毛管孔隙			1.000	0.998**	0.961**	0.999**	0.943*	0.935*	0.919*	0.859*	0.890*	0.995**	0.956*
非毛管孔隙				1.000	0.951*	0.998**	0.938*	0.917*	0.917*	0.850*	0.901*	0.989**	0.945*
通气孔隙度					1.000	0.967**	0.871*	0.965**	0.839*	0.825*	0.815*	0.982*	0.978**
最大持水量						1.000	0.939*	0.939*	0.916*	0.860*	0.978*	0.996**	0.961**
最小持水量							1.000	0.930*	0.997**	0.968**	0.908*	0.916*	0.936*
毛管持水量								1.000	0.909*	0.928*	0.891*	0.947*	0.994**
非毛管持水量									1.000	0.974**	0.926**	0.887*	0.916*
排水能力										1.000	0.974**	0.837*	0.922*
初渗系数											1.000	0.924*	0.908*
稳渗系数												1.000	0.965**

注：*、** 分别表示在5%和1%的水平上显著。

度均与最大持水量、最小持水量、毛管持水量、非毛管持水量、排水能力、初渗系数、稳渗系数之间呈显著或极显著正相关；土壤总孔隙与最大持水量、最小持水量、毛管持水量、非毛管持水量、排水能力、初渗系数、稳渗系数之间呈显著或极显著负相关；同时，土壤容重与总孔隙、毛管孔隙和非毛管孔隙之间呈极显著负相关。这说明土壤容重和孔隙度对土壤持水量、排水能力和渗透系数具有显著的影响。因此，巴山水青冈成熟林天然更新后土壤有机质含量降低引起土壤容重增大和孔隙度降低，从而导致土壤持水量、排水能力和渗透速率降低。

8.3 讨论

森林以其繁茂的林冠层、林下的灌草层、枯枝落叶层和疏松而深厚的土壤层，建造了完美的截持和贮蓄大气降水的良好环境，从而对大气降水进行重新分配和有效调节，发挥着森林生态系统特有的水源涵养功能（邓坤枚等，2002；陈东立等，2005）。森林植被涵养水源的生态功能一直是社会关注的重大问题，也是当今生态科学研究的热点。森林生态系统的水源涵养功能是指森林拦蓄降水、涵养土壤水分和补充地下水、调节河川流量功能。森林水源涵养功能与森林所处的当地气候条件、林地枯落层状况、土壤性质及地质结构关系密切，是森林和降水、土壤等共同作用的结果。森林生态系统水源涵养量是指森林林冠层截留储量和森林土壤对水分的拦截、渗透与储藏雨水的数量。通常情况下，降落到森林中的雨滴，受到林冠的截留，引起降雨的再分配：降雨的一部分首先到达树冠的叶、枝、干表面，由于表面张力和重力的均衡作用而被吸附或积蓄在枝、叶的分叉处。这部分保留下来的雨水有一部分直接蒸发返回大气中，被称为附加截留量；另一部分随着保留雨量的增加导致表面张力和重力失去平衡，自然地或由于风吹动而从林冠滴下，这部分雨量被称为林冠滴下雨量。降雨的另一部分则顺着枝条、树干流到地面，这部分雨量被称为树干截留量。降落到森林中的雨滴还有一部分未接触到树体，直接穿过林冠间隙落到林地上，这部分雨量被称为冠下雨量。此外，树体还吸收比例很小的一部分雨量即树干容水量。当一次连续降雨终止时，被林冠拦截储留在枝叶上的一部分雨量称为林冠截留储量。即林冠截留量是林冠截留储量、附加截留量和树干容水量之和。林冠对降雪的截留，其方式大致和降雨截留相同。因此森林生态系统对水源的涵养分为两大部分：林冠截留量和土壤涵养量（张文广等，2007）。森林群落所具有的多层次结构，通过降雨时对雨水的拦蓄和调节水分的分配及流动过程，增加了枯水期流量，延长丰水期，缩短枯水期，同时减弱降雨对土壤的冲刷，从而实现其水源涵养和保持水土的功能，主要表现在林冠层、林下植被层、林地枯枝落叶层持水量及林地土壤渗透能力和持水能力等方面（郑永春等，2002；王占礼等，1995）。林分的总持水量由林分林冠层、林下植被层、枯枝落叶层和土壤层的涵养水分能力所决定。

从林型分析看，巴山水青冈成熟林皆伐后经天然更新成近熟林、中龄林和幼龄林后，土壤的容重增大，孔隙度降低，土壤结构的优良性下降，持水力和渗透力也减弱，可能因为成熟林更新后乔木层拦截能力以及附加截留量下降，雨水对地表土壤的冲刷强度增大，造成表层土的养分大量流失，同时由于次生林中多灌木和草本，林地持水能力的深度降低，造成整个巴山水青冈林地涵养水源的能力减弱。另外，本研究还发现，在林型相同的情况下，低坡位土壤的容重低于高坡位，低坡位土壤涵养水源的能力更强。说明森林生态系统涵养水源的能力受林型及坡位等因素的共同影响。

9

林地土壤自然含水率与养分含量季节动态

9.1 材料与方法

9.1.1 研究地概况

见 4.1.1.1。

9.1.2 研究方法

根据典型性和代表性的原则（宋永昌，2001），在坡向、坡度、坡位和海拔高度基本一致的前提下，在 5 个永久样地内各设置 3 个 20m×20m 标准样方（共 15 个）。在每个标准方内采用"S"形 5 点取样法（LY/T 1210—1999）按 0～20cm、20～40cm 分别取 5 个土壤样品并分层混合，代表该标准样方土壤样品。土样分成两份，一份新鲜土样用于测定土壤自然含水率、土壤氨态氮、硝态氮；另一份土样自然风干后用于测定土壤 pH、有机质、全氮、碱解氮、全磷、速效磷、全钾、速效钾、有效硫含量。土壤样品于 2007 年 5 月、7 月、9 月和 11 月的每月中旬采集，以代表土壤自然含水率与养分含量的季节变化。具体的测定方法：土壤自然含水率——烘干法（LY/T 1213—1999）；土壤有机质——采用重铬酸钾氧化-外加热法（LY/T 1237—1999）；土壤全氮——半微量凯氏法（LY/T 1228—1999）；碱解氮——碱解扩散法（LY/T 1229—

101

1999）；铵态氮——氧化镁浸提-扩散法测定（LY/T 1231—1999）；硝态氮——酚二磺酸比色法（LY/T 1230—1999）；全磷——采用酸溶-钼锑抗比色法（LY/T 1232—1999）；速效磷——0.03mol·L^{-1} NH_4F-0.025mol·L^{-1} HCl浸提法（LY/T 1233—1999）；全钾——酸溶-火焰光度法（LY/T 1234—1999）；速效钾——1mol·L^{-1}乙酸铵浸提-火焰光度法（LY/T 1236—1999）；有效硫——磷酸盐-HOAc 浸提-$BASO_4$（LY/T 1265—1999）。测定时间在2007 年 5 月下旬至 2007 年 11 月下旬进行。

9.2 结果与分析

9.2.1 土壤自然含水率的变化

图 9-1 结果显示，巴山水青冈 5 种林型不同生长季节土壤自然含水率差异显著。各林型的土壤自然含水率变化特点如下：时间变化特点为 7 月＞5 月＞11 月＞9 月；林型类型变化特点为成熟林Ⅰ＞近熟林＞成熟林Ⅱ＞中龄林＞幼龄林，且各生长季节间变化幅度为成熟林Ⅱ＞成熟林Ⅰ＞近熟林＞中龄林＞幼龄林；从土层深度差异分析发现，0～20cm 自然含水率均高于 20～40cm 土层，各林型之间，0～20cm 土壤自然含水率的变化值幅度大于 20～40cm 土层。在同一样方内，0～20cm 和 20～40cm 两层土壤之间自然含水率差异最大的是成熟林Ⅱ，最小的是幼龄林，其后依次是近熟林、成熟林Ⅰ和中龄林。分析其原因主要可能有，米仓山国家森林公园 7—8 月为雨季，降水量较大，这可能是引起夏季土壤自然含水率最高的主要原因；不同林型之间水分含量差异的主要原因可能是由于坡度和地表枯落物量不同而引起的。成熟林Ⅰ和成熟林Ⅱ的枯落物都高于其他 3 个林型，近熟林也较高，较多的枯落物对地面的覆盖作用更好，使土壤水分的蒸发相对较其他样地更少，土壤有机物质含量较高，土壤孔隙状况较好，从而使得样地土壤对降水的固持作用较好。成熟林Ⅱ由于坡度大于近熟林，地面实际积累的枯落物量低于近熟林，自然含水率反而低于近熟林。

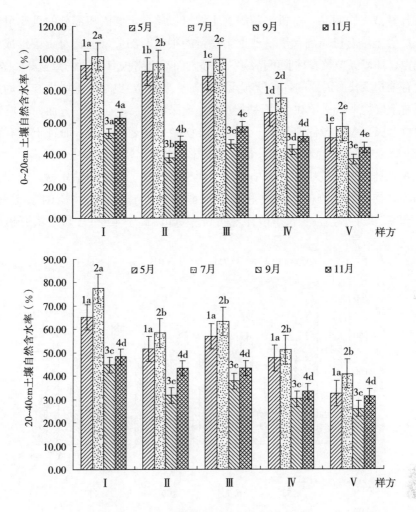

图 9-1 不同样地土壤自然含水率变化

a，b，c，d，e：不同样地同一层次间的差异性比较 1，2，3，4：同一样地 4 个季节间的差异性比较（下同）

9.2.2 土壤有机质含量变化

土壤有机质是指存在于土壤中的所有含碳的有机化合物，主要包括各种动物、植物、微生物残体，动物、植物、微生物的排泄物和分泌物，人为施入土壤中的各种有机肥料（绿肥、堆肥、沤肥等），工农业和生活废水，废渣等，还有各种微生物制品，有机农药等。土壤有机质是土壤固相部分的重要组成成分，尽管土壤有机质的含量只占土壤总量的很小一部分，但它对土壤形成、土壤肥力、环境保护及农林业可持续发展等方面都有着极其重要的意义。一方面，它含有植物生长所需要的各种营养元素（最主要的），也是土壤微生物活动的能源，对土壤物理、化学和生物学性质能有着深刻的影响。另一方面，土壤有机质对重金属、农药等各种有机、无机污染物能有显著的影响，而且土壤有机质对全球碳平衡起着重要的作用，被认为是影响全球温室效应的主要因素。

在森林生态系统中，林木枯落物、死根系、林下植被的枯死物，以及土壤中的小动物、微生物的排泄物和残体等都是林地土壤有机物质的重要来源。图9-2结果显示，各生长季节样地间0～20cm、20～40cm土层土壤有机质含

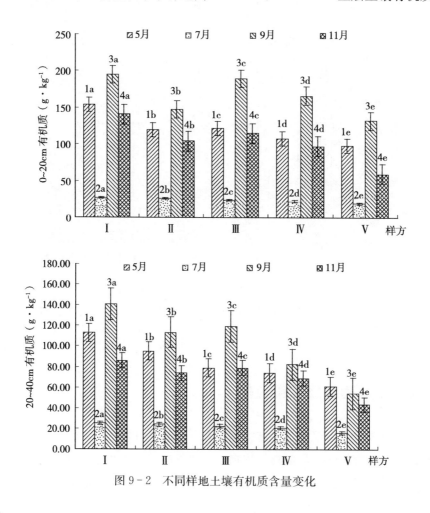

图9-2 不同样地土壤有机质含量变化

量差异显著，且均为成熟林Ⅰ＞近熟林＞成熟林Ⅱ＞中龄林＞幼龄林，且0～20cm土层有机质含量高于20～40cm土层，而不同生长季节土壤有机质含量有一定的差异，具体表现为9月＞5月＞11月＞7月。这主要是成熟林Ⅰ相对于其他4个样地来说，不仅枯落物形成量较大，而且土壤含水量更高，更易于枯落物分解，成熟林Ⅰ各生长季节地表枯落物蓄积量均远高于其余3种林型，这使得枯落物分解对土壤有机物质的补充较其他样地多，而且较多的枯落物覆盖土壤，还可能减少土壤中有机物质随径流流失，从而使得成熟林Ⅰ土壤有机质含量高于其余3个样地。7月各样地中土壤有机质含量较其他生长季节少的主要原因可能是，7月相对于其他月份来说地表枯落物蓄积量相对较少，而且降雨径流过程中可溶性有机物质和可携带的有机物质有可能被流失，以及7月温度较高可能使土壤有机碳的矿化速率加快，从而导致土壤有机质含量减少，9月有大量的枯落物归还林地，而且这一时期土壤水热条件较适宜于土壤微生物的活动，从而加速对枯落物的分解利用，使得9月土壤中有机物质含量较高。相对于20～40cm土层，0～20cm土层是土壤动物、微生物活动的主要场所，也是土壤有机质积累的主要场所，有机质含量高于20～40cm土层。

9.2.3　土壤氮素含量变化

土壤中的含氮物质可分为有机态和无机态两类：有机态氮是指蛋白质、氨基酸类与腐殖质中的氮，有机态氮素要经过土壤微生物分解后变成无机态氮，才能被植物吸收，所以把有机态氮叫作迟效氮，无机态氮叫作速效氮。土壤中氮素绝大部分为有机的结合形态，而无机态氮只占总氮量的1%～2%。土壤中有机态氮可分为半分解的有机质、微生物躯体和腐殖质，而主要是腐殖质。土壤中无机态氮又包括属于铵盐的铵态氮和属于硝酸盐的硝态氮，铵态氮和硝态氮也可以相互转化。土壤有机质和氮素的消长，主要取决于生物积累和分解作用的相对强弱、气候、植被、耕作制度等因素，特别是水热条件，对土壤有机质和氮素的含量有显著的影响。

9.2.3.1　土壤全氮含量变化

图9-3结果显示，各生长季节样地间0～20cm、20～40cm土层土壤全氮含量差异显著，均为成熟林Ⅰ＞近熟林＞成熟林Ⅱ＞中龄林＞幼龄林，且0～

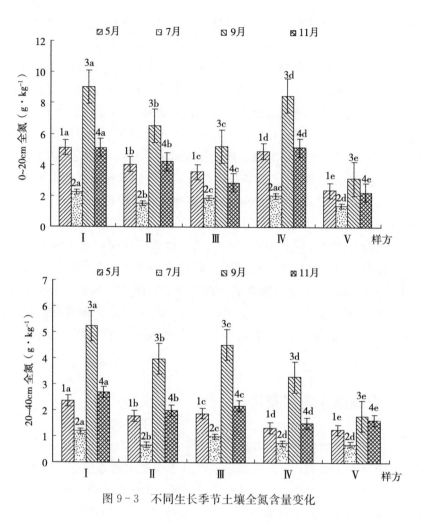

图9-3 不同生长季节土壤全氮含量变化

20cm土层全氮含量高于20～40cm土层，而不同季节土壤全氮含量有一定的差异，具体表现为9月＞5月＞11月＞7月，9月、5月、11月土壤全氮含量均明显高于7月。引起各林型土壤全氮含量差异的原因可能与引起土壤有机质含量差异的原因类似，枯落物分解是土壤氮素主要的补充。导致7月土壤全氮含量较小的原因可能有以下几个方面：首先，在7月，植物生长正处于旺盛时期，对氮素的吸收利用较多；其次，7月正是米仓山国家森林公园的雨季，大量地表径流使得土壤中的无机态氮素较容易流失；再次，由于7月土壤中的含水量较高，透气性相对较差，土壤反硝化作用强，使大量的硝酸盐被还原为游离的氮气挥发到空气中，造成土壤氮素下降；最后，这一时期地表枯落物相对于其他时期来说更少，土壤氮素的补给量也较小；并且，植物在5月和7月将进行旺盛的新陈代谢，消耗大量的土壤养分。相反在其他生长季节，植物对氮素的吸收利用相对较少，而且土壤中氮素的流失、挥发较少，地表枯落物蓄积量相对较多，从而有利于土壤氮素的积累。

9.2.3.2 土壤碱解氮含量变化

土壤碱解氮亦称土壤水解氮或有效性氮，它包括无机态氮和部分有机质中易分解的、比较简单的有机态氮，是铵态氮、硝态氮、氨基酸氮和易水解蛋白质的总和（中国科学院南京土壤研究所，1978；崔晓阳，1998），这部分氮短期内可被植物吸收利用。因此，碱解氮能够较好地反映出近期内土壤氮素供应状况和氮素释放速率，是反映土壤供氮能力的指标之一（罗华等，1999）。了解土壤碱解氮的含量，对森林土壤诊断具有一定意义。图9-4结果显示，巴山水青冈土壤碱解氮的变化特点和全氮的变化规律类似，各生长季节样地间0~20cm、20~40cm土层土壤碱解氮含量均为成熟林Ⅰ＞近熟林＞成熟林Ⅱ＞中龄林＞幼龄林，且0~20cm土层碱解氮含量高于20~40cm土层，而不同生长季节土壤碱解氮含量有一定的差异，具体表现为9月＞5月＞11月＞7月。碱解氮的含量与有机质含量及质量有关，有机质含量高，熟化程度高，有效性氮的含量亦高；有机质含量低，熟化程度低，有效性氮的含量亦低，图9-4结果再次印证了该结论。

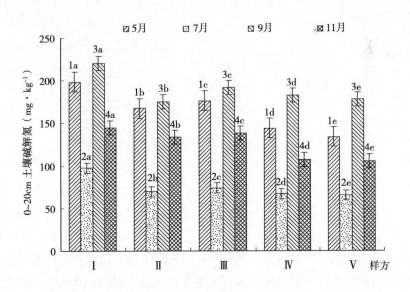

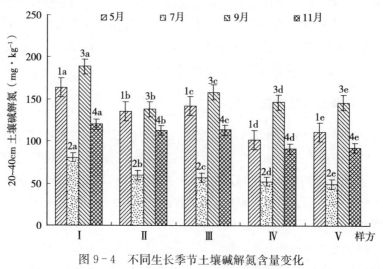

图9-4 不同生长季节土壤碱解氮含量变化

表9-1 不同生长季节土壤碱解氮含量占全氮含量的百分比

样地	土层（cm）	土壤碱解氮含量占全氮含量的百分比（%）			
		5月	7月	9月	11月
成熟林Ⅰ	0～20	3.88	4.36	2.44	2.83
	20～40	6.95	6.71	3.60	4.46
成熟林Ⅱ	0～20	4.15	4.56	2.69	3.18
	20～40	7.61	8.90	3.48	5.66
近熟林	0～20	4.96	3.91	3.68	4.79
	20～40	7.53	5.70	3.50	5.24
中龄林	0～20	2.94	3.32	2.15	2.08
	20～40	7.65	7.05	4.46	5.99
幼龄林	0～20	5.61	4.75	5.66	4.63
	20～40	8.83	7.01	8.12	5.68

　　表9-1结果显示，5个样地0～40cm土层土壤碱解氮含量占全氮含量的百分比变化幅度平均为：5月（平均6.01%）＞7月（平均为5.63%）＞11月（平均为4.45%）＞9月（平均为3.98%），而且0～20cm土层土壤碱解氮含量占全氮含量的百分比均低于20～40cm土层。这说明各样地5月土壤碱解氮含量占全氮含量百分比最大，土壤氮素有效性最高，从而为7月土壤全

氮含量较低而要进行旺盛的新陈代谢准备充足的养分；7 月土壤碱解氮含量占全氮含量较高，为植物的代谢提供较充足的可利用的养分；9 月土壤全氮含量最高，但由于水分、温度等因素的影响，全量向有效量分解转化，使氮素的有效成分比率较低；11 月土壤全氮、碱解氮含量较高，但土壤碱解氮含量占全氮含量百分比较低，土壤氮素有效性较低，这可能与这个时期土壤氮素的损失较少和植物对土壤氮素的利用较少，使土壤中氮素富积有关。

9.2.3.3　土壤铵态氮含量变化

土壤铵态氮含量主要受有机氮矿化速度、植物吸收利用、微生物固定、黏土矿物固定等众多因子的影响，使土壤中铵态氮含量发生变化，微生物固定的氮在其死亡后氮素能够被释放供植物吸收利用，而矿物固定的氮一般不能为水或盐溶液提取，也比较难为植物吸收利用。图 9-5 的结果显示，各生长季节样地 0～20cm、20～40cm 土层土壤铵态氮含量均为成熟林Ⅰ＞近熟林＞成熟林Ⅱ＞中龄林＞幼龄林，且 0～20cm 土层铵态氮含量高于 20～40cm 土层，而不同生长季节土壤铵态氮含量差异显著，具体表现为 9 月＞5 月＞11 月＞7 月，9 月、5 月土壤铵态氮含量均明显高于 7 月。这可能是由于 7 月土壤中水分含量较高而有机物质相对较少，影响了微生物对有机氮的矿化及其对氮的固定，且土壤中呈交换性铵状态存在的铵态氮能够被植物直接吸收利用，使土壤中铵态氮含量较少，而其他生长季节由于植物的吸收减少，土壤含水量较 7 月低，有利于微生物活动及其对有机氮的转化，从而使得其他生长季节土壤中铵态氮含量高于 7 月这一生长期。

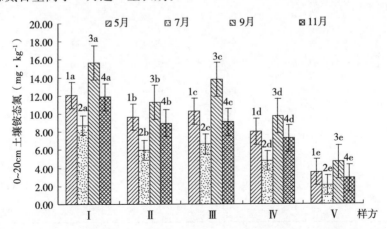

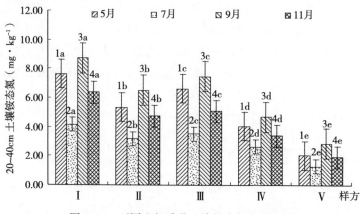

图 9-5　不同生长季节土壤铵态氮含量变化

表 9-2 结果显示，铵态氮的变化规律与碱解氮比较类似，5 个样地 0~40cm 土层土壤铵态氮含量占全氮含量的百分比变化幅度平均为：7 月（平均为 0.32%）＞5 月（平均为 0.25%）＞11 月（平均为 0.21%）＞9 月（平均为 0.17%），而且 0~20cm 土层土壤碱解氮含量占全氮含量的百分比均低于 20~40cm 土层。这说明各样地在不同的生长季节土壤铵态氮含量占全氮含量百分比差异不明显。

表 9-2　不同生长季节土壤铵态氮含量占全氮含量的百分比

样地	土层 (cm)	土壤铵态氮含量占全氮含量的百分比（%）			
		5 月	7 月	9 月	11 月
成熟林 I	0~20	0.24	0.39	0.17	0.23
	20~40	0.32	0.35	0.17	0.24
成熟林 II	0~20	0.24	0.39	0.17	0.21
	20~40	0.30	0.47	0.16	0.24
近熟林	0~20	0.29	0.35	0.26	0.31
	20~40	0.35	0.35	0.17	0.23
中龄林	0~20	0.16	0.24	0.11	0.14
	20~40	0.31	0.35	0.14	0.22
幼龄林	0~20	0.15	0.15	0.15	0.13
	20~40	0.16	0.18	0.16	0.12

9.2.3.4 土壤硝态氮含量变化

硝态氮（NO_3^-—N）是指硝酸盐中所含有的氮元素，是土壤无机氮存在的主要形态，土壤中的有机物分解生成铵盐，被氧化后变为硝态氮。硝态氮的淋溶是氮素损失的重要途径之一，土壤中的 NO_3^-—N 是在通气条件良好的情况下经硝化作用而形成的，一般不被土壤胶体吸附、易于淋溶，同时又易被植物吸收，也可能通过反硝化作用损失掉。土壤硝态氮中的 NO_3^- 带负电荷，是最易被淋洗的氮形态，随渗漏水的增加，硝酸盐的淋失增大。土壤中硝态氮含量随生长季节的变化和植物不同生长阶段有显著的差异，在雨量多的生长季节和植物生长旺盛期土壤中硝态氮含量较低；另外硝态氮与土壤通气状况也有密切的关系，通气状况好时土壤硝态氮含量高，通气状况差时硝态氮含量低（杜春先等，2006）。图 9-6 的结果显示，各生长季节样地 0～20cm、20～40cm 土层土壤硝态氮含量均为成熟林Ⅰ＞近熟林＞成熟林Ⅱ＞中龄林＞幼龄林，且 0～20cm 土层硝态氮含量高于 20～40cm 土层，而不同季节土壤硝态氮含量有一定的差异，具体表现为 9 月＞5 月＞11 月＞7 月，5 月、9 月、11 月土壤硝态氮含量均明显地高于 7 月。这可能是由于 7 月为雨季，林木正处于旺盛生长时期，硝态氮潜在的淋失和植物吸收较大，而且土壤含水量较高通气不良，以及形成硝态氮的底物铵态氮含量较少，导致该生长期硝态氮含量较低。相对而言，其他生长季节硝态氮潜在淋失和植物吸收较少，且土壤含水量相对较低，通气状况较好利于硝态氮的形成和积累。

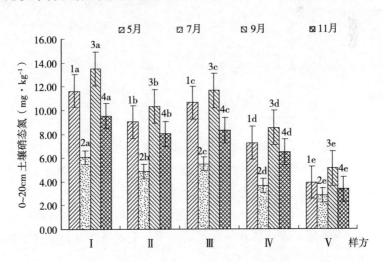

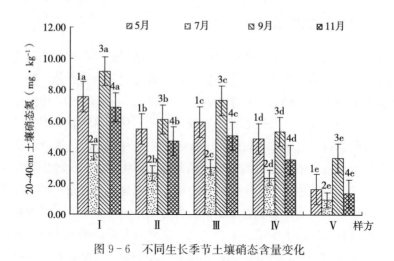

图 9-6 不同生长季节土壤硝态含量变化

表 9-3 不同生长季节土壤硝态氮含量占全氮含量的百分比

样地	土层 (cm)	土壤硝态氮含量占全氮含量的百分比（%）			
		5月	7月	9月	11月
成熟林 I	0～20	0.23	0.27	0.15	0.19
	20～40	0.32	0.33	0.18	0.25
成熟林 II	0～20	0.22	0.32	0.16	0.19
	20～40	0.31	0.39	0.15	0.24
近熟林	0～20	0.30	0.29	0.22	0.29
	20～40	0.32	0.30	0.16	0.23
中龄林	0～20	0.15	0.18	0.10	0.13
	20～40	0.37	0.32	0.16	0.23
幼龄林	0～20	0.16	0.21	0.16	0.15
	20～40	0.13	0.13	0.20	0.08

表 9-3 结果显示，硝态氮的变化规律与铵态氮、碱解氮比较类似，5 个样地 0～40cm 土层土壤硝态氮含量占全氮含量的百分比变化幅度平均为：7 月（平均为 0.27%）＞5 月（平均为 0.25%）＞11 月（平均为 0.20%）＞9 月（平均为 0.16%），而且 0～20cm 土层土壤硝态氮含量占全氮含量的百分比均低于 20～40cm 土层，说明各林分在不同的季节土壤硝态氮含量占全氮含量百分比差异不大。

9.2.4 土壤全磷、速效磷含量变化

磷是植物生长不可缺少的大量营养元素，具有重要的营养生理功能。植物所需要的磷主要来自土壤，但土壤中的磷素主要以难溶性无机态和有机态形式存在，有效性磷含量较低。土壤全磷量即磷的总贮量，可分为有机磷和无机磷两大类，其中无机磷主要以钙、镁、铁、铝等形态结合为磷酸盐；有机磷以卵磷脂、核酸、磷脂为主；此外还有少量吸附态和交换态磷。土壤全磷含量的高低，受成土母质、成土作用和耕作施肥等因素的影响很大，并且土壤中磷的含量与土壤质地和有机质含量也有关系，黏土含磷多于沙性土，有机质丰富的土壤磷含量较多。

图 9-7 结果表明，各季节样地内 0～20cm、20～40cm 土层土壤全磷含量均为成熟林 I＞近熟林＞成熟林 II＞中龄林＞幼龄林，且 0～20cm 土层全磷含量高于 20～40cm 土层，而不同生长季节土壤全磷含量有一定的差异，具体表现为 9 月＞5 月＞11 月＞7 月。

土壤中磷的有效性是指土壤中存在的磷能为植物吸收利用的程度。土壤有效磷（Available phosphorous），缩写为 A-P，也称为速效磷，是土壤中可被植物吸收的磷组分，包括全部水溶性磷、部分吸附态磷及有机态磷，有的土壤中还包括某些沉淀态磷。土壤中有效磷含量与全磷含量之间虽不是直线相关，但当土壤全磷含量低于 0.03% 时，土壤往往表现缺少有效磷。土壤有效磷是土壤磷素养分供应水平高低的指标，土壤磷素含量高低在一定程度上反映了土壤中磷素的贮量和供应能力。植物吸收磷，首先取决于溶液中磷的浓度，溶液中磷的浓度高，则植物吸收的磷就多，当植物从溶液中吸收磷时，溶液中磷的浓度降低，则固相磷不断补给以维持溶液中磷的浓度不降低。图 9-8 结果显示，土壤速效磷的季节变化与全磷含量变化完全一致，各林分 0～20cm、20～40cm 土层土壤速效磷含量均为成熟林 I＞近熟林＞成熟林 II＞中龄林＞幼龄林，且 0～20cm 土层速效磷含量高于 20～40cm 土层，而不同季节土壤速效磷含量为 9 月＞5 月＞11 月＞7 月。7 月土壤速效磷含量较低，可能是由于植物的旺盛生长对土壤速效磷的吸收利用较多的原因。同时，为了维持土壤中速效磷浓度的相对稳定，其他形态的磷逐渐转化为速效磷，可能会导致土壤中全磷含量降低，全磷含量降低相应地对土壤中速效磷的补给减少，从而导致速效磷含量降低。

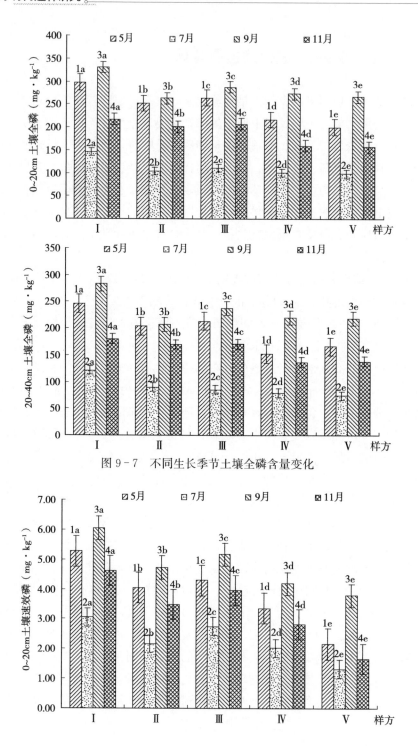

图 9-7 不同生长季节土壤全磷含量变化

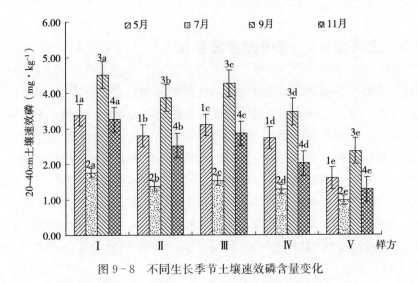

图9-8　不同生长季节土壤速效磷含量变化

表9-4结果显示，5个样地0～40cm土层土壤速效磷含量占全磷含量的百分比变化幅度平均为：7月（平均为0.18%）＞9月（平均为0.161%）＞11月（平均为0.16%）＞5月（平均为0.15%）。各样地0～20cm土层土壤速效磷含量占全磷含量的百分比总体上高于20～40cm土层（9月近熟林和中龄林例外）。说明各林分在不同的生长季节土壤速效磷含量占全磷含量百分比差异不大。

表9-4　不同生长季节土壤速效磷含量占全磷含量百分比

样地	土层 （cm）	土壤速效磷含量占全磷含量百分比（%）			
		5月	7月	9月	11月
成熟林 I	0～20	0.18	0.21	0.18	0.21
	20～40	0.14	0.15	0.16	0.18
成熟林 II	0～20	0.16	0.21	0.18	0.17
	20～40	0.14	0.15	0.17	0.15
近熟林	0～20	0.16	0.25	0.18	0.19
	20～40	0.15	0.18	0.18	0.17
中龄林	0～20	0.16	0.20	0.15	0.18
	20～40	0.17	0.16	0.16	0.15
幼龄林	0～20	0.11	0.14	0.14	0.11
	20～40	0.10	0.13	0.11	0.09

9.2.5　土壤全钾、速效钾含量变化

　　钾是农作物重要的营养成分之一，在植物体内的含量仅次于氮而高于磷。因此，土壤中钾素的供应能力是否能满足农作物生长发育的需要，是土壤肥力的重要标志。虽然土壤中钾素的主要给源是含钾矿物，但含钾的原生矿物和黏土矿物只能说明钾素的潜在供应能力，土壤实际供钾能力则取决于含钾矿物分解成可被植物吸收的钾离子的速度和数量（毕节地区土壤普查办公室，1987）。根据钾的存在状态和植物吸收性能，可将土壤中钾素分为四部分：土壤含钾矿物，此为难溶性钾；非交换性钾，为缓效性钾；交换性钾；水溶性钾。后两种钾为速效性钾，可以被植物吸收利用，是反应钾肥肥效高低的标志之一。图9-9结果显示，各样地0～20cm、20～40cm土层土壤全钾含量均为成熟林Ⅰ＞近熟林＞成熟林Ⅱ＞中龄林＞幼龄林，且0～20cm土层全钾含量高于

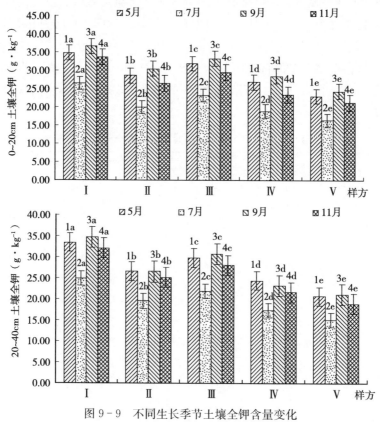

图9-9　不同生长季节土壤全钾含量变化

20～40cm 土层，不同生长季节土壤全钾含量之间差异较小，但还是存在一定的变化规律，即不同生长季节土壤全钾含量为9月＞5月＞11月＞7月。

土壤速效钾是植物根系吸收的直接钾素供应源。土壤速效钾水平是决定钾肥肥效的一个重要因素，速效钾的含量不仅受土壤、气候和作物等条件的影响，还与植被和土壤水分的淋洗有关。图9-10结果显示，各样地0～20cm、20～40cm 土层土壤速效钾含量均为成熟林Ⅰ＞近熟林＞成熟林Ⅱ＞中龄林＞幼龄林，且0～20cm 土层速效钾含量高于20～40cm 土层，不同生长季节土壤速效钾含量存在明显的差异，为9月＞5月＞11月＞7月。

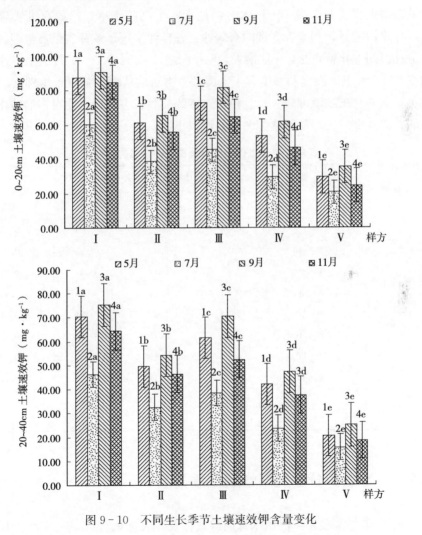

图 9-10　不同生长季节土壤速效钾含量变化

表9-5结果显示，5个样地0~40cm土层土壤速效钾含量占全钾含量的百分比变化幅度平均为：9月（平均为0.20%）＞5月（平均为0.19%）＞11月（平均为0.18%）＞7月（平均为0.17%）。各样地0~20cm土层土壤速效钾含量占全钾含量的百分比总体上高于20~40cm土层。说明各样地在不同的生长季节土壤速效钾含量占全钾含量百分比差异不大。土壤的氮素来源主要是土壤有机质，钾的来源虽以矿物为主，但有机质中的钾随着有机质的分解也能逐渐被释放出来供植物利用，仍然是植物钾营养的重要来源。土壤有机质含量高，供给植物利用的氮素、钾素多；另外，土壤中钾的扩散和交换性钾的释放在很大程度上取决于土壤水分，氮素水平高的土壤，一般有机质含量较高，保水性能好，利于提高钾的有效性。各样地土壤速效钾含量占全钾含量的百分比时间变化特点是，9月最大，5月次之，11月第三，7月最小，这可能与5月、9月土壤温度和湿度宜于土壤微生物活动从而加强对土壤钾素的转化有关，而7月土壤湿度较大，且植物对钾的吸收较多，微生物对钾的转化相对较弱，以及钾淋失，从而使钾的有效性较小。

表9-5　土壤速效钾含量占全钾含量的百分比

样地	土层(cm)	土壤速效钾含量占全钾含量的百分比（%）			
		5月	7月	9月	11月
成熟林Ⅰ	0~20	0.25	0.23	0.25	0.25
	20~40	0.21	0.19	0.22	0.20
成熟林Ⅱ	0~20	0.21	0.19	0.21	0.21
	20~40	0.19	0.17	0.20	0.18
近熟林	0~20	0.23	0.19	0.24	0.22
	20~40	0.21	0.18	0.23	0.19
中龄林	0~20	0.20	0.16	0.22	0.20
	20~40	0.17	0.14	0.20	0.17
幼龄林	0~20	0.13	0.13	0.15	0.12
	20~40	0.10	0.10	0.12	0.10

9.2.6　土壤养分含量与物理性质关系

表9-6结果显示，巴山水青冈成熟林及其天然更新林0~40cm土层7月

土壤物理性质与养分含量之间相关性较好，容重与碱解氮、铵态氮、硝态氮、全磷、速效磷、全钾和速效钾含量呈显著或极显著负相关；全氮与容重负相关，而与总孔隙、毛管孔隙、非毛管孔隙、通气孔隙度、毛管持水量、非毛管持水量、初渗系数和稳渗系数呈正相关，但相关性不显著；毛管持水量与全氮、碱解氮、全磷、速效磷和全钾呈正相关，但相关性不显著，毛管持水量与铵态氮、硝态氮和速效钾呈显著正相关；非毛管持水量与所有的养分指标均呈正相关，但不显著；土壤有机质与容重负相关，与毛管持水量极显著正相关，与其他物理指标呈显著正相关；其余各养分与土壤物理性质之间均呈显著或者极显著正相关关系。这说明巴山水青冈成熟林土壤物理性质变化与养分含量变化之间存在着密切关系，天然更新后随着容重的增大，土壤养分含量降低，随着土壤孔隙度和渗透系数的降低，土壤养分含量降低。

表 9-6 7 月土壤养分含量与物理性质相关分析

指标	容重	总孔隙	毛管孔隙	非毛管孔隙	通气孔隙度	毛管持水量	非毛管持水量	初渗系数	稳渗系数
全氮	−0.769	0.705	0.761	0.849	0.748	0.458	0.358	0.727	0.737
碱解氮	−0.904*	0.910*	0.898*	0.937*	0.908*	0.802	0.876	0.871	0.986**
铵态氮	−0.954*	0.961**	0.984*	0.929*	0.966*	0.889*	0.709	0.965**	0.900*
硝态氮	−0.957*	0.972**	0.972**	0.897*	0.968*	0.888*	0.705	0.981**	0.878
全磷	−0.904	0.910*	0.898*	0.937*	0.908*	0.802	0.876	0.871	0.986**
速效磷	−0.977**	0.961**	0.979**	0.953*	0.974**	0.793	0.610	0.982**	0.890*
全钾	−0.999**	0.990**	0.993**	0.988**	0.997**	0.825	0.724	0.993**	0.961**
速效钾	−0.988**	0.997**	0.998**	0.966**	0.996**	0.896*	0.792	0.990**	0.964**
有机质	−0.803	0.896*	0.877*	0.887*	0.871*	0.970**	0.878*	0.838*	0.880*

注：*、** 分别表示在 5% 和 1% 的水平上显著。下同。

9.3 讨论

土壤有机质是陆地生态系统重要的碳库，对全球碳素循环的平衡起着重要作用。土壤有机质是土壤的重要组成部分，影响、制约土壤性质，保持或提高土壤有机质含量可以促进团聚体的形成并保持其稳定性，降低物理损害的风险，以及改善持水能力等（Haynes R J et al.，1991）；此外，有机质是土壤微生物生命活动的能源，可以提高微生物多样性及其活动性，从而有助于改良、保持土壤的物理、化学和生物学状态；土壤有机质既是植物矿质营养和有机营养的源泉，其本身含有氮、磷、钾、钙、镁、有机碳、硫和其他微量元素，以及各种简单的有机化合物，又是土壤中异养型微生物的能源物质，同时也是改良土壤结构的重要因素。土壤有机质还影响着土壤的耐肥性、保墒性、缓冲性、通气状况和土壤温度等，其含量是土壤肥力高低的重要指标之一（中国科学院南京土壤研究所，1978），所以对有机质性质变化的研究对了解土壤肥力和土壤肥力退化原因和机理具有重要意义。

巴山水青冈成熟林天然更新林地土壤有机质含量和其他养分含量的降低与各样地枯落物对林地土壤的归还和补充作用以及枯落物对地表的保护作用有关。据调查巴山水青冈成熟林 I 每年有大量的枯落物归还林地土壤，而且成熟林 I 枯落物地表蓄积量较大，对林地覆盖较好，有利于保护林地土壤免受降雨击溅、减少水土流失和养分的淋失；巴山水青冈近熟林每年有大量的落叶归还土壤，且林下枯落物丰富，枯枝落叶分解也较快；阳陡样地的成熟林 II 尽管每年也有大量的枯落物返还到土壤，但是由于该样地坡度大，日照最充足，土壤的含水量及涵养水源的能力低于近熟林，所以地面凋落物实际的返还率反而不及近熟林；至于中龄林和幼龄林两个天然更新林，落叶阔叶树相对较少，而草本较多，返还土壤的腐殖质较少，土壤各养分含量都比较低。这可能是导致巴山水青冈成熟林天然更新后土壤有机质和其他养分含量减少，以及有机质和其他养分含量成熟林 I ＞近熟林＞成熟林 II ＞中龄林＞幼龄林的重要原因。同时，相关分析表明土壤有机质含量与全氮、碱解氮、铵态氮、硝态氮、全磷、速效磷、全钾和速效钾含量之间存在显著正相关关系。这也说明巴山水青冈林天然更新后土壤有机质变化对土壤其他养分有影响。

氮素是植物生长和发育所需的大量营养元素之一。土壤中氮素绝大部分为有机的结合形态，无机形态的含量一般较少。土壤中有机态氮可分为半分解的有机质、微生物躯体和腐殖质，而主要是腐殖质（中国科学院南京土壤研究所，1978）。目前关于凋落物分解对氮素输入的响应仍然存在很大分歧，对其内在响应机制的认识也不尽相同。大量的研究表明，外源性氮输入对凋落物分解具有促进作用（Tessier J T et al.，2003）、抑制作用（Lee K H et al.，2003；Bowden R D et al.，2004）或者无显著影响（Prescott C E et al.，1999）。长期的氮沉降增加植物叶片的氮素含量，降低凋落物的 C/N，从而促进枯落物的分解，增加氮素的矿化和硝化作用中的氮释放速率，导致地表凋落物现存量减少（Li D J et al.，2003）。凋落物和土壤 C/N 的变化可能影响微生物的活性，进而影响微生物呼吸和土壤 CO_2 的释放。从生物化学角度上看，在分解初期，凋落物的高氮含量可以促进其分解，但是在分解后期反而受到高氮含量的抑制，从而导致森林地表层的厚度增加和有机质不断积累。本研究发现巴山水青冈成熟林及其天然更新林各林分 0～40cm 土层土壤全氮含量平均值变化规律是 9 月＞5 月＞11 月＞7 月，出现这种现象的原因可能与有机质组成不同有关。因为土壤有机质按其分解程度不同可概分为三类：粗有机质、半分解有机质以及微生物生命活动中的各种产物和腐殖质。土壤氮素绝大部分为有机结合的形态，而有机氮中土壤腐殖质是主要的，尽管 7 月土壤有机质含量与其他生长季节相比相对较少，但由于土壤有机质组成发生变化从而导致 7 月土壤全氮含量与其他生长季节相比少了很多。7 月植物生长较为旺盛，对氮素营养的需求较大，加之当时实验区为雨季且降水量较大，所以 7 月氮素淋失以及随径流流失等也可能是导致该生长季节土壤全氮远低于其他生长季节的原因。

在许多森林生态系统中，土壤氮素有效性通常是限制林木生长的主要因素（Vitousek et al.，1982；Attiwill et al.，1993）。有机形态的氮大部分必须经过土壤微生物的转化作用，变成无机形态的氮，才能为植物吸收利用，其矿化顺序为：不溶性有机氮化合物（蛋白质、胡敏酸等）→可溶性氮化合物（以氨基酸与酰胺类为主）→铵态氮（NH_4-N）→亚硝态氮（NO_2-N）→硝态氮（NO_3-N），这个变化只有通气良好和湿度、酸度适宜的土壤，才能按这个顺序进行，而在嫌气条件下，其矿化作用仅进行到铵态氮为止（中国科学院南京土壤研究所，1978）。7 月土壤自然含水量均高于其他生长季节，使得潜在土壤通气性与其他生长季节相比较差，这对于微生物活动具有一定的影响，微生物活动受阻从而影响有机形态氮素向无机形态氮素的转化，及其在转变成铵态氮后较难向硝态氮转变，加之夏季植物生长对氮素的强烈吸收，使得有机态氮转变为铵态氮后较多地被吸收使转化为硝态氮的底物减少，以及硝态氮中的 NO_3^- 带负电荷易被淋洗，从而使得 7 月铵态氮和硝态氮含量均远低于其他生长季节。

生态系统磷素循环是由植物对磷的需求所拉动，由土壤有效磷的持续供应来维持的（Zhao Q et al.，2005）。任何一个生态系统中植物吸收作用都是土壤中养分含量变化的重要控制因素。磷是决定湿地生产力、结构、功能的关键要素（Grunwald S et al.，2006），是湿地主要限制性因子之一（McCormick P V et al.，1996；Noe G B et al.，2001）。磷在土壤中存在多种化学形态，不同形态磷的生物有效性不同，其养分循环的过程也存在差异，并在系统有效磷的供应中起着各自不同的作用，土壤磷形态的季节变化是磷的生物吸收过程和磷的矿化—固定过程的综合体现。生长季生物可利用性较强的无机磷组分主要是随着植物的生长节律呈波动变化，当植物达到最大生物量时植物对磷的积累也最大，土壤易被利用的无机磷含量最低，之后植物进入衰亡阶段，含量开始逐步回升。本研究发现，巴山水青冈林植物生长最旺盛的 7 月土壤的速效磷最低，也印证了这个结果。土壤环境的条件是影响土壤磷形态的重要因素。环境因子一方面直接影响磷的形态转化，另一方面，环境条件的改变通过间接影响土壤动物微生物的活性驱动着土壤磷素循环，由于本次没有对巴山水青冈林地土壤微生物进行系统研究，所以它们之间的具体关系还有待于进一步实验探讨。

林分土壤碳库季节变化

碳是构成生命的重要元素，碳循环是一个涉及大气圈、水圈、岩石圈、土壤圈和生物圈在内的复杂的生物地球化学过程，碳循环对于估计未来 CO_2 等温室气体的体积分数以及这些气体与生物圈的相互作用来说都是至关重要的（Moore B et al.，1994）。森林在全球碳平衡中起着重要的作用，森林土壤中碳占全球土壤碳储量的 73%（Sedjo R A，1993）。森林土壤碳含量大约是森林生物量的 2~3 倍。在农林复合生态系统中，土壤作为一个重要的亚系统，在生物循环中具有特殊的生态学意义。此外土壤还从岩石分化过程中富集了生物所需的养分与凋落物分解后的养分，然后将这些养分提供给植物吸收利用，同时土壤还给微生物和土壤动物提供了生活的场所。

土壤碳库是陆地生态系统最大的碳库，全球大约有 1 550Pg 碳（$1Pg = 10^{15}g$）以有机质形式存在于土壤中，另外还有 750Pg 碳以无机物形式存在于土壤中（Batjes N H，1996）。以全球而论，土壤有机碳蓄积量是陆地植被碳库或大气碳库总和的 2~3 倍（Schimel D et al.，2001）；中国土壤有机碳储量为 90~100Pg（王绍强等，1999），方精云等的计算更是达到了 185Pg（方精云等，1996a），它们是中国陆地森林碳储量 [411~416Pg（方精云等，1996b）] 的 20~40 倍。

土壤碳库平衡是土壤肥力保持的重要内容（Lefroy R D B et al.，1993）。一般认为，土壤有机碳含量与土壤肥力高低呈正相关。而近年来，有学者指出（袁可能，1963；Blair C J et al.，1995），当土壤肥力达到一定水平或有机碳含量超过一定数量时，两者之间不呈正相关，这实际上存在着有机碳的质量问题。土壤活性有机碳、微生物量碳、水溶性有机碳以及它们和全碳的比值均是反映土壤碳库的重要指标（Spading G P，1992；Bradley R L et al.，1995；Liang B C et al.，1998），可以指示土壤有机碳的稳定性、有效性和水溶性，对评价土壤有机质和土地肥力具有重要意义。有学者把土壤碳素划分为有效碳和稳态碳两部分，指出有效碳在调节土壤养分流向方面有重要作用，与土壤潜在生产力关系密切，而稳态碳素只影响土壤性质（Loginow W W et al.，1987；Blair C J et al.，1995）。由于背景值很高和自然土壤分异性大，整个土壤碳库的微小变化很难发现，因此探求土壤有机碳敏感指示因子很必要，同时，这使得对土壤碳库变化的定量即碳库管理指数的建立更为迫切。

10.1 材料与方法

10.1.1 研究地概况

见 4.1.1.1。

10.1.2 研究方法

在巴山水青冈林野外永久样地内，根据典型性和代表性的原则分别在坡向、坡度、坡位和海拔高度基本一致的成熟林Ⅰ、成熟林Ⅱ、近熟林、中龄林和幼龄林中建立 20m×20m 的标准地 5 个。在每个标准地内采用"S"形 5 点取样法（LY/T 1210—1999）按 0～20cm、20～40cm 土层分层取土壤混合样。土样分成两份，一份鲜土样供土壤水溶性有机碳含量测定；另一份土样自然风干后供土壤有机碳总量、土壤活性碳含量、土壤稳态碳含量测定。2007 年每个生长季节（5 月、7 月、9 月、11 月）采集土壤样品，以代表土壤碳素形态和土壤碳库管理指数的生长季节变化。以下为具体的测定方法：土壤有机碳总量（C_T）——采用重铬酸钾氧化-外加热法（LY/T 12377—87）；土壤水溶性有机碳含量（C_{WS}）——取 10g 新鲜土样，采用 25℃蒸馏水，水土比为 5∶1，恒温振荡 30min 后，用 0.45μm 滤膜抽滤，对浸提液中有机碳进行分析测定（姜培坤等，2002）；土壤活性碳含量（C_A）——采用 333mmol/L $KMnO_4$ 氧化法进行测定，具体方法为：称量处理过约含 15mg 有机碳的土样，放在塑料瓶（100ml）内，用333mmol/L KMnO$_4$溶液25ml震荡处理1h，震荡后离心5min（4 000r/min），取上清液，用去离子水按1：250比例稀释，然后用分光光度计565nm比色测定，根据KMnO$_4$浓度的变化计算活性碳含量，单位为mgC/g（即每1g干土中含活性有机碳量）；土壤稳态碳含量（C$_{UA}$）——采用土壤有机碳总量与土壤活性碳含量差值为土壤稳态碳含量（姜培坤等，2002；沈宏，2000）。碳库管理指数的计算方法：碳库指数（CPI）＝样品全碳（g·kg^{-1}）÷参照土壤全碳（g·kg^{-1}）；碳库活度（A）＝活性碳÷稳态碳；碳库活度指数（AI）＝样品碳库活度÷参照土壤碳库活度；碳库管理指数（CPMI）＝碳库指数×碳库活度指数×100＝CPI×AI×100（吴建国等，2004；沈宏等，2000）。

10.2　结果与分析

10.2.1　土壤不同形态碳素含量季节变化

10.2.1.1　土壤有机碳总量（C$_T$）季节变化

土壤有机碳是指存在于土壤中所有含碳的有机物质，它包括土壤中的各种动植物残体，微生物体及其分解和合成的各种有机物质。尽管土壤有机碳只占土壤总重量的很小一部分，但它在土壤肥力、环境保护、农业可持续发展等方面均起着极其重要的作用（黄昌勇，2000）。一方面它含有植物生长所需要的各种营养元素，是土壤生物生命活动的能源，对土壤物理、化学和生物学性质都有着深刻的影响。另一方面，土壤有机碳对全球碳平衡起着重要作用，被认为是影响全球温室效应的主要因素（West T O et al.，2002）。图10-1结果显示，在巴山水青冈4种林型中，土壤有机碳总量（C$_T$）在各生长季节均为成熟林Ⅰ＞近熟林＞成熟林Ⅱ＞中龄林＞幼龄林，且各样地0～20cm土层土壤有机碳总量均高于20～40cm土层，而且不同生长季节各样地土壤有机碳总量具有相同的变化规律，表现为9月＞5月＞11月＞7月。在同一样地内，不同生长季节之间土壤有机碳含量差异显著（$P<0.01$）；同一生长季节内，不同样地之间土壤有机碳含量差异显著（$P<0.01$）。

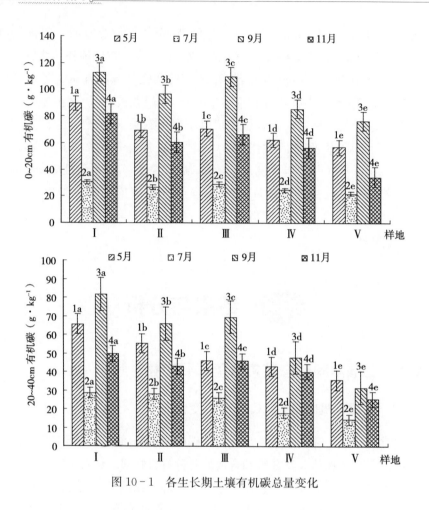

图 10-1　各生长期土壤有机碳总量变化

10.2.1.2　土壤水溶性有机碳（C_{WS}）含量季节变化

土壤水溶性有机碳（C_{WS}）通常是指能通过 $0.45\mu m$ 微孔滤膜的水溶性有机物质（Thurman E M，1985），虽然只占土壤有机碳的很少部分，一般含量不超过 $200mg \cdot kg^{-1}$，但其活性大、易移动，是土壤微生物可直接利用的有效物源和碳源（Burford J R et al.，1975），并且它还会影响土壤中有机和无机物质的转化、迁移和降解，如影响重金属（Zhu B et al.，1993）和农药（Madhun Y A et al.，1986；Barriuso E et al.，1992）在土壤中的迁移以及土壤对 P 和 SO_4^{2-} 等无机离子的吸附等（Ohno T et al.，1996；1997；Kaiser K et al.，1997）。土壤水溶性有机碳是养分移动的载体因子，对土壤的碳、氮、磷、硫等的迁移转化起着重要作用，可预测碳和氮的土壤分布状况，也是环境污染物移动的载体因子，对重金属迁移转化起重要作用，由此可知土壤水溶性有机碳的分析测定对开展土壤养分迁移转化、土壤有机质的生态化学过程乃至污染方面的研究都具有实际意义。

图 10-2 结果显示，巴山水青冈 4 种林型中，土壤水溶性碳含量（C_{ws}）在各季节均为成熟林Ⅰ＞近熟林＞成熟林Ⅱ＞中龄林＞幼龄林，且各样地 0～20cm 土层土壤水溶性碳含量均高于 20～40cm 土层，而且不同生长季节各样地土壤水溶性碳具有相同的变化规律，表现为 9 月＞5 月＞11 月＞7 月。在同一样地内，不同生长季节之间土壤水溶性碳含量差异显著（$P<0.01$）；同一

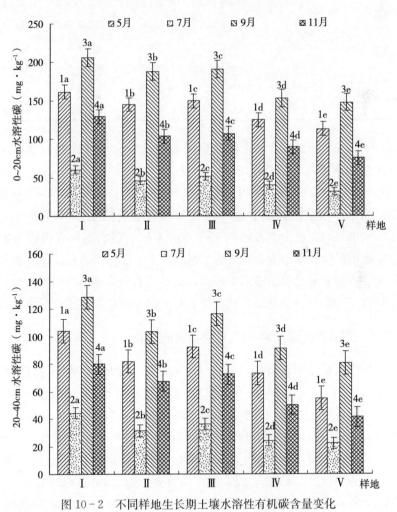

图 10-2 不同样地生长期土壤水溶性有机碳含量变化

生长季节内，不同样地之间土壤水溶性碳含量差异显著（$P<0.01$）。

表 10-1 不同样地土壤水溶性有机碳含量与有机碳总量比值（C_{WS}/C_T）

样地	土层 (cm)	土壤水溶性有机碳含量与有机碳总量比值			
		5月	7月	9月	11月
成熟林 I	0~20	0.001 8	0.002 0	0.001 8	0.001 6
	20~40	0.001 6	0.001 5	0.001 6	0.001 6
成熟林 II	0~20	0.002 1	0.001 6	0.001 9	0.001 7
	20~40	0.001 5	0.001 1	0.001 6	0.001 6
近熟林	0~20	0.002 1	0.001 9	0.001 7	0.001 6
	20~40	0.002 0	0.001 4	0.001 7	0.001 6
中龄林	0~20	0.002 0	0.001 6	0.001 9	0.001 6
	20~40	0.001 7	0.001 3	0.001 9	0.001 2
幼龄林	0~20	0.002 0	0.001 4	0.001 9	0.002 2
	20~40	0.001 5	0.001 5	0.002 5	0.001 6

Christ 等（1996）对森林土壤的研究表明，随着淋溶次数的增多，土壤中淋洗出来的水溶性碳的总量增加；随着温度的升高，土壤中淋洗出的水溶性碳的量也增加。Zsolnay 等（1994）的研究表明，降水量特别少的年份采集的土壤样品中，水溶性碳的含量比其他年份有显著的增加（增加约 33%）。表 10-1 结果显示，巴山水青冈林 0~40cm 土层土壤水溶性有机碳含量与有机碳总量比值的生长季节变化特点为 9月＞5月＞11月＞7月。这可能与 7月降水量大、土壤水溶性有机碳淋失较多，而 9月有较多枯落物归还林地，且土壤环境较宜于微生物分解活动，从而使 9月土壤水溶性有机碳含量增加有关。

10.2.1.3　土壤活性有机碳（C_A）含量时间变化

土壤活性有机碳库是指在一定的时空条件下，受植物、微生物影响强烈，具有一定溶解性，在土壤中移动比较快，不稳定、易氧化、易分解、易矿化，其形态、空间位置对植物、微生物来说活性比较高的那一部分土壤碳素（沈宏等，1999）。虽然它只占土壤有机碳总量的较小部分，但由于它可以在土壤全碳变化之前反映土壤微小的变化，又直接参与土壤生物化学转化过程，同时也是土壤微生物活动能源和土壤养分的驱动力（Coleman D C et al.，1983；Wander M M et al.，1994），因而它对土壤碳库平衡和土壤化学、生物化学肥力保持具有重要意义。

图10-3结果显示，在巴山水青冈4种林型中，土壤活性有机碳（C_A）含量在各季节均为成熟林Ⅰ＞近熟林＞成熟林Ⅱ＞中龄林＞幼龄林，且各样地0～20cm土层土壤活性有机碳含量均高于20～40cm土层，而且不同生长季节各样地土壤活性有机碳具有相同的变化规律，表现为9月＞5月＞11月＞7月。在同一样地内，不同生长季节之间土壤活性有机碳含量差异显著（$P<0.01$）；同一生长季节内，不同样地之间土壤活性有机碳含量差异显著（$P<0.01$）。

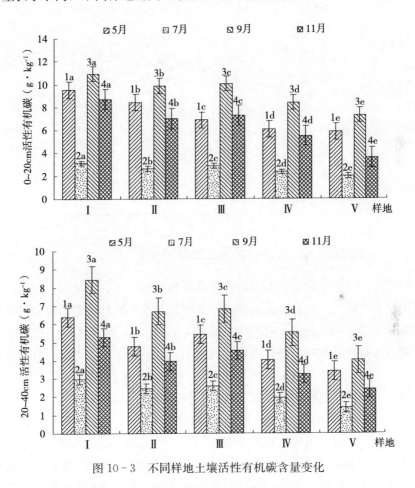

图10-3　不同样地土壤活性有机碳含量变化

表10-2结果显示，巴山水青冈4种林型0～40cm土层土壤活性有机碳含量与有机碳总量比值变化幅度依次是9月（平均为0.103）＞5月（平均为0.101）＞11月（平均为0.100）＞7月（平均为0.099）。这可能是由于7月

研究区多雨水，雨量充沛、地表径流量大，带走的养分较多，同时树叶等枯枝落叶等凋落少，返还到土壤的养分也较少。

表 10-2　不同生长期各样地土壤活性有机碳含量与有机碳总量比值（C_A/C_T）

样地	土层 （cm）	土壤活性有机碳含量与有机碳总量比值			
		5 月	7 月	9 月	11 月
成熟林Ⅰ	0~20	0.106	0.102	0.097	0.107
	20~40	0.097	0.103	0.103	0.106
成熟林Ⅱ	0~20	0.121	0.099	0.102	0.116
	20~40	0.086	0.088	0.101	0.092
近熟林	0~20	0.097	0.099	0.092	0.109
	20~40	0.118	0.099	0.098	0.099
中龄林	0~20	0.094	0.107	0.115	0.081
	20~40	0.094	0.107	0.095	0.093
幼龄林	0~20	0.103	0.090	0.095	0.104
	20~40	0.096	0.097	0.127	0.096

10.2.1.4　土壤稳态碳（C_{UA}）含量生长季节变化

图 10-4 结果显示，在巴山水青冈 4 种林型中，土壤稳态碳（C_{UA}）含量在各生长季节均为成熟林Ⅰ＞近熟林＞成熟林Ⅱ＞中龄林＞幼龄林，且各样地 0~20cm 土层土壤稳态碳含量均高于 20~40cm 土层，而且不同生长季节各样地土壤稳态碳具有相同的变化规律，表现为 9 月＞5 月＞11 月＞7 月。在同一样地内，不同生长季节之间土壤稳态碳含量差异显著（$P<0.01$）；同一生长季节内，不同样地之间土壤稳态碳含量差异显著（$P<0.01$）。

表 10-3 结果显示，巴山水青冈 4 种林型 0~40cm 土层土壤稳态碳含量与有机碳总量比值变化幅度依次是 5 月（平均为 0.898）＜7 月（平均为 0.899）＜11 月（平均为 0.899）＜9 月（平均为 0.900）。各月份土壤稳态碳变化比率比较接近，且这一变化与土壤活性有机碳含量与有机碳总量比值变化规律相反。

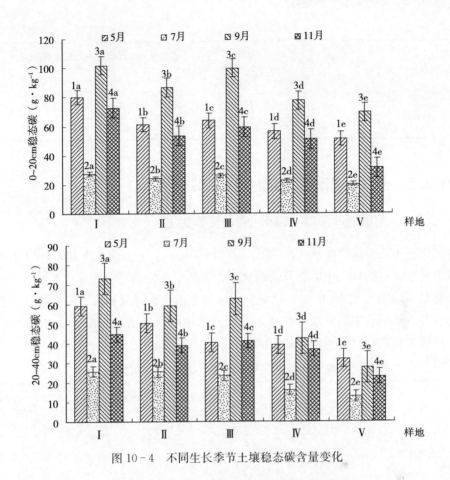

图 10-4 不同生长季节土壤稳态碳含量变化

表 10-3 不同生长季节土壤稳态碳含量与有机碳总量比值（C_{UA}/C_T）

样地	土层 (cm)	土壤稳态碳含量与有机碳总量比值			
		5月	7月	9月	11月
成熟林 I	0~20	0.894	0.898	0.903	0.893
	20~40	0.903	0.897	0.897	0.894
成熟林 II	0~20	0.879	0.901	0.898	0.884
	20~40	0.914	0.912	0.899	0.908
近熟林	0~20	0.903	0.901	0.908	0.891
	20~40	0.882	0.901	0.902	0.901
中龄林	0~20	0.906	0.893	0.885	0.919
	20~40	0.903	0.905	0.902	0.903

(续)

样地	土层 (cm)	土壤稳态碳含量与有机碳总量比值			
		5月	7月	9月	11月
幼龄林	0～20	0.897	0.910	0.905	0.896
	20～40	0.903	0.873	0.904	0.904

10.2.2 土壤碳库管理指数生长季节变化

10.2.2.1 土壤碳库指数（CPI）生长季节变化

以巴山水青冈成熟林Ⅰ 0～20cm、20～40cm 土层土壤为参照，计算求出成熟林Ⅱ和近熟林、中龄林及幼龄林3个天然次生林相对应季节和土层土壤碳库指数（CPI），见表10-4。结果显示，与巴山水青冈成熟林Ⅰ相比较，成熟林Ⅱ和近熟林、中龄林及幼龄林3个天然次生林在各生长季节0～40cm土层土壤碳库指数均有不同程度的下降。

表 10-4 不同生长季节土壤碳库指数变化

样地	土层 (cm)	土壤碳库指数			
		5月	7月	9月	11月
成熟林Ⅰ	0～20	1.000	1.000	1.000	1.000
	20～40	1.000	1.000	1.000	1.000
成熟林Ⅱ	0～20	0.777	0.870	0.855	0.740
	20～40	0.842	0.977	0.807	0.859
近熟林	0～20	0.790	0.948	0.973	0.816
	20～40	0.699	0.910	0.850	0.917
中龄林	0～20	0.696	0.807	0.759	0.692
	20～40	0.656	0.631	0.585	0.804
幼龄林	0～20	0.634	0.721	0.678	0.425
	20～40	0.542	0.500	0.387	0.507

10.2.2.2 碳库活度（A）

巴山水青冈2个成熟林和3个天然次生林0～20cm、20～40cm土层土壤碳库活度（A）如表 10-5。结果显示，各时期各样地 0～40cm 土层土壤碳库活度的变化呈现不同的结果，在 5 月，成熟林Ⅱ和近熟林碳库活度比成熟林Ⅰ稍高，这可能是由于成熟林Ⅱ高坡位以及近熟林草本多而乔木、灌木较少，0～20cm 土层土壤速效养分含量较高。

表 10-5　不同生长季节土壤碳库活度（A）变化

样地	土层(cm)	土壤碳库活度			
		5 月	7 月	9 月	11 月
成熟林Ⅰ	0～20	0.119	0.113	0.107	0.120
	20～40	0.108	0.115	0.115	0.118
成熟林Ⅱ	0～20	0.138	0.110	0.114	0.131
	20～40	0.094	0.096	0.113	0.101
近熟林	0～20	0.108	0.109	0.101	0.122
	20～40	0.134	0.110	0.109	0.110
中龄林	0～20	0.108	0.105	0.109	0.107
	20～40	0.103	0.120	0.130	0.088
幼龄林	0～20	0.115	0.099	0.105	0.116
	20～40	0.106	0.107	0.146	0.106

10.2.2.3　碳库活度指数（AI）

以各时期巴山水青冈成熟林Ⅰ样地 0～20cm、20～40cm 土层土壤为参照，计算求出其余 4 个样地相对应时期和土层土壤碳库活度指数（AI），见表 10-6。表 10-6 的结果显示，与天成熟林Ⅰ相比，各样地土壤碳库活度指数的变化特征与碳库活度是一致的。

表 10-6　不同生长季节土壤碳库活度指数（AI）变化

样地	土层(cm)	土壤碳库活度指数			
		5 月	7 月	9 月	11 月
成熟林Ⅰ	0～20	1.000	1.000	1.000	1.000
	20～40	1.000	1.000	1.000	1.000
成熟林Ⅱ	0～20	1.156	0.969	1.060	1.092
	20～40	0.876	0.832	0.980	0.859

（续）

样地	土层（cm）	土壤碳库活度指数			
		5月	7月	9月	11月
近熟林	0～20	0.903	0.964	0.939	1.023
	20～40	1.241	0.958	0.946	0.932
中龄林	0～20	0.907	0.922	1.014	0.898
	20～40	0.958	1.042	1.133	0.746
幼龄林	0～20	0.965	0.871	0.982	0.966
	20～40	0.986	0.929	1.263	0.898

10.2.2.4 碳库管理指数（CPMI）

巴山水青冈成熟林天然更新后各生长季节 0～20cm、20～40cm 土层土壤碳库管理指数如表 10-7 所示。结果显示，各生长季节 0～40cm 土层土壤碳库管理指数与成熟林 I 相比，成熟林 II 降低了 15.08%～22.67%（平均为 18.28%），近熟林降低了 10.74%～20.96%（平均为 15.34%），中龄林降低了 28.38%～38.93%（平均为 33.56%），幼龄林降低了 42.24%～56.71%（平均为 46.75%）。碳库管理指数总的变化趋势表明，巴山水青冈成熟林采伐更新后土壤碳库管理指数有所下降，且下降的百分比表现出近熟林＜中龄林＜幼龄林。各更新样地生长季节内 0～40cm 土层碳库管理指数呈现出了明显的时间变化规律，即 9月＞7月＞5月＞11月。

表 10-7 不同生长季节土壤碳库管理指数（CPMI）变化

样地	土层（cm）	土壤碳库管理指数			
		5月	7月	9月	11月
成熟林 I	0～20	100.00	100.00	100.00	100.00
	20～40	100.00	100.00	100.00	100.00
成熟林 II	0～20	89.86	84.31	90.71	80.85
	20～40	73.76	81.31	79.14	73.82
近熟林	0～20	71.28	91.38	91.32	83.48
	20～40	86.81	87.15	80.43	85.42
中龄林	0～20	63.11	74.41	76.93	62.09
	20～40	62.87	65.71	66.32	60.05

（续）

样地	土层	土壤碳库管理指数			
	(cm)	5月	7月	9月	11月
幼龄林	0～20	61.19	62.78	66.62	41.03
	20～40	53.42	46.48	48.91	45.55

10.2.3 土壤碳库与土壤物理性质的关系

表 10-8 结果显示，7 月巴山水青冈 5 个样地 0～20cm 土层，土壤容重、总孔隙、毛管孔隙、通气孔隙度、毛管持水量和初渗系数总体上均与土壤水溶性有机碳（C_{WS}）、活性有机碳（C_A）、稳态碳（C_{UA}）、水溶性有机碳与有机碳总量的比值（C_{WS}/C_T）、稳态碳与有机碳总量的比值（C_{UA}/C_T）、碳库活度（A）、碳库管理指数（CPMI）之间存在显著或极显著相关，而与活性有机碳（C_A）与有机碳总量（C_T）的比值（C_A/C_T）之间相关性不显著；非毛管持水量与所有碳库指标的相关性均不显著，非毛管孔隙和稳渗系数与 C_{UA}/C_T 和 A 相关性不显著；土壤容重与 C_{WS}、C_A、C_{UA}、C_{WS}/C_T、C_A/C_T、A、CPMI 之间呈负相关关系，而与 C_{UA}/C_T 呈正相关关系；总孔隙、非毛管孔隙、初渗系数、稳渗系数与 C_{WS}、C_A、C_{UA}、C_{WS}/C_T、C_A/C_T、A、CPMI 之间呈正相关，而与 C_{UA}/C_T 呈负相关。这说明，C_{WS}、C_A、C_{UA}、C_{WS}/C_T、C_A/C_T、C_{UA}/C_T、A、CPMI 与土壤物理性质关系密切，通过对它们的研究可以预测巴山水青冈林天然更新后土壤物理性质的变化。

表 10-8 7月土壤碳库与物理性质相关分析

指标	容重	总孔隙	毛管孔隙	非毛管孔隙	通气孔隙度	毛管持水量	非毛管持水量	初渗系数	稳渗系数
C_{WS}	-0.985**	0.991**	0.998**	0.954*	0.992**	0.887*	0.742	0.993**	0.935*
C_A	-0.972**	0.979**	0.988**	0.929*	0.981**	0.882*	0.704	0.988**	0.901*
C_{UA}	-0.980**	0.979**	0.986**	0.940*	0.984**	0.844	0.670	0.993**	0.901*
C_{WS}/C_T	-0.964**	0.977**	0.992**	0.953*	0.978*	0.913*	0.756	0.975*	0.923*
C_A/C_T	-0.682	0.601	0.656	0.780	0.651	0.304	0.238	0.628	0.653
C_{UA}/C_T	0.896*	-0.924*	-0.946*	-0.842	-0.920*	-0.929*	-0.708	-0.926*	-0.830
A	-0.897*	0.925*	0.946*	0.843	0.921*	0.930*	0.711	0.927*	0.832
CPMI	-0.971**	0.979**	0.989**	0.928*	0.980**	0.884*	0.707	0.988**	0.902*

10.2.4　土壤碳库与土壤养分含量的耦合关系

对土壤碳库与土壤主要肥力因子进行相关性分析（表 10 - 9），结果表明，巴山水青冈成熟林及其他 3 个样地 0～20cm 土层的土壤全氮、碱解氮和全磷含量与土壤水溶性有机碳（C_{WS}）、活性有机碳（C_A）、稳态碳（C_{UA}）、活性有机碳与有机碳总量（C_T）的比值（C_A/C_T）、水溶性有机碳与有机碳总量的比值（C_{WS}/C_T）、碳库活度（A）、碳库管理指数（CPMI）之间相关性关系不显著，全氮仅和土壤活性有机碳与有机碳总量（C_T）的比值（C_A/C_T）相关性显著，土壤活性有机碳与有机碳总量（C_T）的比值（C_A/C_T）除与全氮含量呈显著相关外，与其他土壤养分指标相关性均不显著，而铵态氮、硝态氮、速效磷、全钾和速效钾与土壤水溶性有机碳（C_{WS}）、活性有机碳（C_A）、稳态碳（C_{UA}）、水溶性有机碳与有机碳总量的比值（C_{WS}/C_T）、稳态碳与有机碳总量的比值（C_{UA}/C_T）、碳库管理指数（CPMI）和碳库活度（A）之间呈显著相关关系；而稳态碳与有机碳总量的比值（C_{UA}/C_T）与土壤各样分均呈负相关关系。这说明，C_{WS}、C_A、C_{UA}、C_A/C_T、C_{UA}/C_T、C_{MB}/C_T、A、CPMI 与土壤养分含量关系密切，通过对它们的研究可以预测巴山水青冈林天然更新后土壤养分含量的变化。

表 10 - 9　土壤碳库与养分含量相关分析

指标	全氮	碱解氮	铵态氮	硝态氮	全磷	速效磷	全钾	速效钾
C_{WS}	0.739	0.869	0.988**	0.985**	0.869	0.983	0.987**	0.995**
C_A	0.712	0.823	0.987**	0.994**	0.823	0.984**	0.974**	0.984**
C_{UA}	0.728	0.820	0.976**	0.990**	0.820	0.992**	0.981**	0.979**
C_{WS}/C_T	0.644	0.751	0.979**	0.967**	0.751	0.932*	0.905*	0.941*
C_A/C_T	0.985**	0.653	0.657	0.513	0.653	0.713	0.704	0.629
C_{UA}/C_T	−0.644	−0.751	−0.979**	−0.967**	−0.751	−0.932*	−0.905*	−0.941*
A	0.644	0.753	0.979**	0.967**	0.753	0.932*	0.906*	0.942*
CPMI	0.710	0.824	0.987**	0.994**	0.824	0.983**	0.974**	0.984**

10.2.5　土壤碳库与土壤酶活性的关系

表 10 - 10 结果显示，各生长季节巴山水青冈成熟林更新后 0～40cm 土层

土壤蔗糖酶、脲酶、磷酸酶、过氧化氢酶活性与土壤水溶性有机碳（C_{WS}）、活性有机碳（C_A）和稳态碳（C_{UA}）含量、活性有机碳含量与有机碳总量（C_T）的比值（C_A/C_T）、稳态碳含量与有机碳总量的比值（C_{UA}/C_T）、碳库活度（A）、碳库管理指数（CPMI）之间存在极显著相关关系，水溶性有机碳含量与有机碳总量的比值（C_{WS}/C_T）与蔗糖酶、脲酶、磷酸酶、过氧化氢酶活性之间呈正相关，但相关性均未达到显著水平；C_{UA}/C_T 与土壤酶活性之间呈负相关关系，而 C_{WS}、C_A、C_{UA}、C_A/C_T、C_{MB}/C_T、A、CPMI 与土壤酶活性之间呈正相关关系。这说明，C_{WS}、C_A、C_{UA}、C_A/C_T、C_{UA}/C_T、C_{MB}/C_T、A、CPMI 与土壤酶活性关系密切，通过对它们的研究可以预测巴山水青冈林更新后土壤酶活性的变化。

表 10-10 土壤碳库与土壤酶活性相关分析

指标	蔗糖酶	脲酶	磷酸酶	过氧化氢酶
C_{WS}	0.860**	0.899**	0.921**	0.883**
C_A	0.961**	0.925**	0.960**	0.928**
C_{UA}	0.882**	0.831**	0.868**	0.880**
C_{WS}/C_T	0.150	0.289	0.277	0.315
C_A/C_T	0.827**	0.803**	0.897**	0.895**
C_{UA}/C_T	−0.828**	−0.804**	−0.899**	−0.895**
C_{MB}/C_T	0.600**	0.517**	0.653**	0.584**
A	0.834**	0.810**	0.904**	0.896**
CPMI	0.567**	0.564**	0.683**	0.657**

10.3 讨论

土壤碳库是陆地生态系统最大的碳库，并受气候和人类活动影响而发生动态变化。由于土壤无机碳库更新周期长达几百年甚至几千年，因此土壤有机碳库在全球变化研究中显得更为重要。随着大气 CO_2 浓度不断升高，全球温室效应加强，人们越来越关注土壤有机碳库的动态变化。土壤有机碳含量及其动态主要取决于土壤原有有机质分解，以及外源有机质（如原始植被的残留、作物残体和人为施加的有机物料等）输入与降解之间的平衡。外源有机物料进入土壤后，常引起土壤矿化高峰的出现。土壤中的碳包括有机碳（Organic Carbon）和无机碳（Inorganic Carbon），其中以有机碳为主。土壤无机碳主要以碳酸盐的形式存在。土壤有机碳主要包括动植物残体以及微生物的排泄物、分泌物等，是土壤有机质的重要组成部分。土壤有机碳不仅能稳定和改善土壤结构、减少土壤侵蚀、提高土壤生产力及农产品质量，而且能为土壤生产力、土壤水文特性及以碳为基础的温室气体收支研究提供非常重要的信息（曹丽花等，2007）。土壤有机碳蓄积量是一个动态平衡，是输入土壤的光合固碳速率与土壤有机碳分解速率之间平衡的一个数学函数（何维明等，2002）。不同的土地利用方式、土壤管理措施、土壤自身的条件以及地表植被的光合利用率等均影响土壤有机碳库的动态平衡。

森林土壤中的有机碳主要来自地表森林枯枝落叶层的分解补充与累积，不同物种组成的森林植被及不同土壤类型使其存在一定的差异（邵月红等，2006）。研究中发现，在巴山水青冈林地中，0～20cm 土层土壤的总有机碳、活性碳等含量都明显大于 20～40cm 土层，这可能是由于林地植被的凋落物主要集中在表层，被表层土壤微生物分解产生大量活性碳，并且表层代谢活性明显高于下层。稳态碳占有机碳的百分含量却是 20～40cm 土层大于 0～20cm 土层，这说明表层有机碳经过微生物分解后剩余了少量难分解的有机碳成分，而下层有机碳由于微生物数量和活性较低而积累了大量稳态碳，难分解的有机碳成分。在同一研究区域，水热条件基本一致，土壤有机碳库随凋落物的化学组成和土壤理化性质的不同而不同。同一土壤类型下，不同植被下的碳库差异主要由凋落物的化学组成所决定。同一样地不同土层碳素含量呈一定规律变化，随着土层的加深碳素含量逐渐减少。这是由于植物根系、枯枝落叶和凋落物主要堆积在土壤的表层，并且该层土壤湿度和温度比较适中，微生物活动比较旺盛，可以将枯枝落叶和凋落物等分解成养分归还到土壤中，因此，土壤表层中的碳素含量高。

植物根系分布、枯落物数量和质量与土壤活性有机碳有关（Jobbery E G et al.，2000）。巴山水青冈成熟林采伐更新后，由于原有林地上植物及其根系大量减少，与此相关的植物根系表面脱落的有机物质、根系分泌物也随之减少，同时枯落物蓄积量和质量也发生了根本性的变化，这可能是导致成熟林Ⅰ更新后土壤活性有机碳含量变化及其与其他样地之间差异的原因。而且土壤有机质分解过程中，木质素和一些惰性组分的含量随微生物代谢而增加，土壤活性有机碳的含量降低（Conteh A et al.，1997），这可能是各样地 7 月土壤活性有机碳含量较少的原因。沈宏等（2000）指出土壤有机质进入土壤势必会造成土壤碳素含量增加，有利于土壤活性有机碳含量和土壤碳库管理指数的提高。因此，巴山水青冈林经更新后枯落物对林地的归还量减少，枯落物质量降低，土壤有机质含量降低，可能是导致土壤碳库管理指数降低的主要原因。然而土壤碳库管理指数降低的同时，土壤物理性质、化学性质、微生物数量和土壤酶活性也伴随着相应的变化，从而使得土壤碳库管理指数与土壤物理性质、养分含量和土壤酶活性之间具有较好的相关性。

林分土壤酶活性季节变化

　　土壤酶是由微生物、动植物活体分泌及由动植物残体、遗骸分解释放于土壤中的一类具有催化能力的生物活性物质，根据作用原理可以分为水解酶类、氧化还原酶类、转移酶类、裂合酶类4大类。土壤酶是土壤的组成成分之一，参与包括土壤中的生物化学过程在内的自然界物质循环，其酶促作用发生在土壤颗粒、植物根系和微生物细胞表面，使得土壤具有同生物体相似的活组织代谢能力。

　　土壤酶是一类比较稳定的蛋白质，与一般的蛋白质不同，酶具有特殊的催化能力，属于一种生物催化剂，其催化能力比无机催化剂要大十几倍、几十倍乃至数百倍。土壤酶数量虽少，但作用很大，并且作为表征土壤肥力的一个重要指标，与土壤的环境条件也有着密切联系（张成娥等，1998；侯扶江等，2002；Acosta-Martinez V et al.，2003）。酶参与土壤中的生物化学反应，并具有与环境的统一性，其活性能被某些物质激活或抑制。与土壤成分牢固结合的酶，可长期积累在土壤中，表现出一定的稳定性；微生物繁殖中产生的酶和未与土壤成分结合的而处于游离态的酶，易在环境条件改变时钝化（关松荫等，1986）。

　　我国对土壤酶的研究始于20世纪60年代初期，主要集中在土壤酶与土壤微生物的关系、耕作技术对土壤酶的影响以及土壤酶与植物生长的关系。国内对农田生态系统的土壤酶研究较多，如：与碳、氮、磷转化相关的几种土壤酶在剖面的分布特点，农业管理措施对土壤酶活性的影响及土壤酶活性与土壤其他肥力因子相关性的研究。对土壤酶在环境污染治理中的作用也进行了初步探讨，并报道了废水、废物中金属元素对土壤酶的影响。然而土壤酶在森林生态系统、水生生态系统中的功能及其作用机制探讨极少。土壤酶活性可用来表征土壤性质的早期变化。尽管在不同土壤类型条件下土壤酶活性与土壤质量之间的关系还没有明确，但土壤中许多酶与微生物呼吸、微生物种类及数量、有机碳含量之间存在着显著的相关关系。由于土壤微生物生命活动和植物根系产生的土壤酶，不但在土壤物质转化和能量转化过程中起主要的催化作用，而且通过它对进入土壤的多种有机物质和有机残体产生的生命化学转化，使生态系统的各组分间有了功能上的联系，从而保持了土壤生物化学的相对稳衡状态（Abdul K S et al.，2000；Badiane N N Y et al.，2001）。

11.1 材料与方法

11.1.1 试验区自然概况

见 4.1.1.1。

11.1.2 研究方法

根据典型性和代表性的原则，在坡向、坡度、坡位和海拔高度基本一致的前提下，在巴山水青冈林 5 个永久样地内各设置 3 个 20m×20m 标准样方（共15 个）。在每个标准样方内采用"S"形 5 点取样法（LY/T 1210—1999）按 0～20cm、20～40cm 分别取 5 个土壤样品并分层混合，代表该标准样方土壤样品。土样自然风干后供土壤酶活性测定。土壤蔗糖酶——比色法测定；脲酶——比色法测定；磷酸酶——磷酸苯二钠比色法测定；过氧化氢酶活性——溶量法测定（关松荫等，1986）。土壤样品于 2007 年 5 月、7 月、9 月、11 月每月中旬采集，以代表土壤酶活性的时间变化。

11.2 结果与分析

11.2.1 土壤蔗糖酶活性季节变化

自 Hofmann 与 Seegere（1950）首次提出土壤蔗糖酶活性的测定方法后，

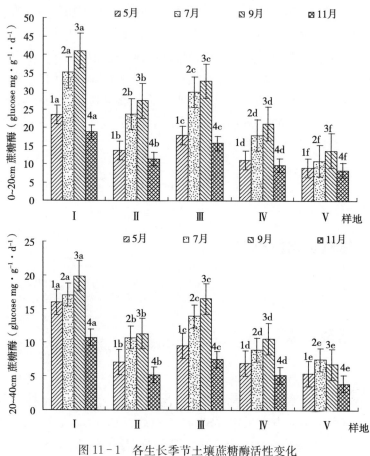

图 11-1　各生长季节土壤蔗糖酶活性变化

蔗糖酶就成了人们研究得最多的土壤酶类之一。作为评价土壤熟化程度、土壤肥力水平及生物学活性强度的土壤蔗糖酶，其活性与土壤的有机质含量有关，也直接参与土壤有机物质的代谢过程（Ross D J，1983）。图 11-1 结果显示，巴山水青冈成熟林及 3 个天然更新林之间土壤蔗糖酶活性在各月份的变化特点均为成熟林Ⅰ＞近熟林＞成熟林Ⅱ＞中龄林＞幼龄林，且各样地 0～20cm 土层土壤蔗糖酶活性均高于 20～40cm 土层，而且不同生长季节各样地土壤蔗糖酶活性具有一定的差异，表现为 9 月＞7 月＞5 月＞11 月。在同一时期内，不同样地之间土壤蔗糖酶活性差异显著；在同一样地内，不同时期土壤蔗糖酶活性也差异显著，且 0～20cm 土层各样地之间土壤蔗糖酶活性差值比 20～40cm 土层差值高，7 月和 11 月之间土壤蔗糖酶活性差值最小。土壤蔗糖酶活性在时间上的变化特点与土壤物理性质和化学性质的变化规律有一定差异（其特点为9月＞5月＞11月＞7月），这可能是由于7月、9月的地温和气温比5月、11月更高导致的。

11.2.2　土壤脲酶活性季节变化

脲酶是一种酰胺酶，它作用于线型酰胺 C—N 键的水解，促进尿素水解生成氨、CO_2 和水，其产物氨是植物最重要的速效氮源之一，因此，脲酶是土壤中最为活跃的水解酶类之一，因其对土壤有机物质中碳氮键（CO—NH）的水解作用而在土壤氮素循环中具有重要作用，其活性的提高有利于稳定性较高的土壤有机氮向有效氮转化（薛冬等，2005；李东坡等，2003；和文祥等，2003）。大多数细菌、真菌和高等植物都可分泌脲酶。土壤脲酶受到土壤腐殖质和黏粒的保护，它是固定在有机矿质复合体的有机物质里，因此，土壤脲酶与土壤腐殖质、有机-无机矿质复合体密切相关。图11-2结果显示，巴山水青冈成熟林及3个天然更新林之间土壤脲酶活性在各月份的变化特点为成熟林Ⅰ＞近熟林＞成熟林Ⅱ＞中龄林＞幼龄林，且各样地0～20cm土层土壤脲酶活性均高于20～40cm土层，而且不同时期各样地土壤脲酶活性具有一定的差异，表现为9月＞7月＞5月＞11月。在同一时期内，不同样地之间土壤脲酶活性差异显著；在同一样地内，不同时期土壤脲酶活性也差异显著，且0～20cm土层各样地之间土壤脲酶活性差值比20～40cm土层差值高，7月和11月之间土壤脲酶活性差值最小。土壤脲酶活性在时间上的变化特点与土壤物理性质和化学性质的变化规律有一定差异（其特点为9月＞5月＞11月＞7月）。

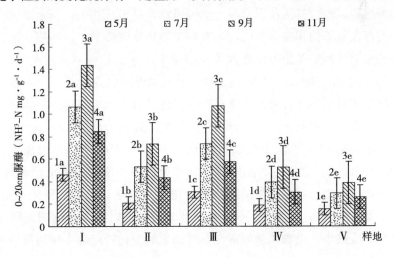

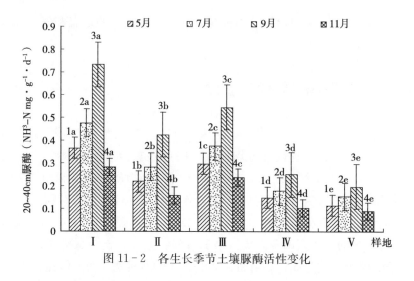

图 11-2 各生长季节土壤脲酶活性变化

11.2.3 土壤磷酸酶活性季节变化

磷酸酶是指能分别催化磷酸单酯和磷酸二酯的水解作用的磷酸单酯酶和磷酸二酯酶。磷酸酶活性是表征土壤磷素循环、土壤管理系统效果和土壤有机质含量的重要指标之一，其活性大小在一定程度上反映着土壤有机磷化合物的分解程度和土壤供应有效磷的潜在能力（孙波等，1999；邱莉萍等，2005；薛冬等，2005；中华人民共和国林业部，1994；马世骏，1991）。磷酸酶的酶促作用是能加速有机磷循环速度，从而提高磷素有效性。磷酸酶主要来自细菌，具有较强的热稳定性，其活性通常与土壤有机质含量呈正相关，与土壤肥力或土壤生产力存在显著的相关性，因此，有些学者建议磷酸酶、蔗糖酶、过氧化氢酶和脲酶等活性测定结果可用作评价土壤肥力水平的指标（孙庆业等，2005；何跃军等，2005）。图 11-3 结果显示，巴山水青冈成熟林及 3 个天然更新林之间土壤磷酸酶活性在各月份的变化特点为成熟林Ⅰ＞近熟林＞成熟林Ⅱ＞中龄林＞幼龄林，且各样地 0～20cm 土层土壤磷酸酶活性均高于 20～40cm 土层，而且不同时期各样地土壤磷酸酶活性具有一定的差异，表现为 9 月＞7 月＞5 月＞11 月。在同一时期内，不同样地之间土壤磷酸酶活性差异显著；在同一样地内，不同时期土壤磷酸酶活性也差异显著，且 0～20cm 土层各样地之间土壤磷酸酶活性差值比 20～40cm 土层差值高，7 月和 11 月之间土壤磷酸酶活性差值最小。土壤磷酸酶活性在时间上的变化特点与土壤物理性质和化学性质的变化规律也存在一定差异。

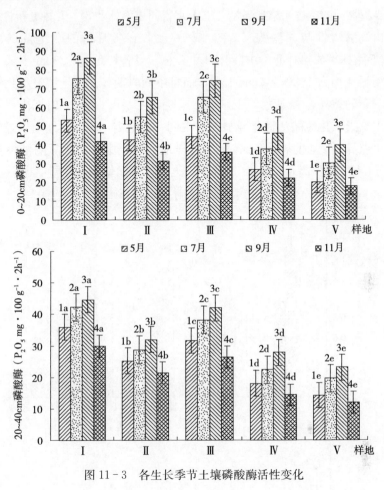

图 11-3　各生长季节土壤磷酸酶活性变化

11.2.4　土壤过氧化氢酶活性季节变化

　　土壤有机碳与过氧化氢酶关系最大（张崇邦等，2004；杨东等，2003）。过氧化氢酶的意义是促进过氧化氢分解，形成分子和水，从而减少过氧化氢的毒害作用，而且过氧化氢的多少与土壤有机质的转化速度有密切关系。过氧化氢广泛存在于土壤中，它是由生物呼吸过程和有机物的生物化学氧化反应的结果产生的，对土壤和生物都有毒害作用。与此同时，在土壤中，过氧化氢酶能促进过氧化氢对各种化合物的氧化，催化对生物体有毒的过氧化氢的分解，还可反映土壤中总的呼吸强度，并与微生物数量有关，是表征土壤微生物活性强度的重要酶类。图 11-4 结果显示，巴山水青冈成熟林及 3 个天然更新林之间土壤过氧化氢酶活性与蔗糖酶、磷酸酶较一致，在各月份的变化特点为成熟林Ⅰ＞近熟林＞成熟林Ⅱ＞中龄林＞幼龄林，且各样地 0～20cm 土层土壤过氧化氢酶活性均高于 20～40cm 土层，而且不同时期各样地土壤过氧化氢酶活性具有一定的差异，表现为 9 月＞7 月＞5 月＞11 月。在同一时期内，不同样地之间土壤过氧化氢酶活性差异显著；在同一样地内，不同时期土壤过氧化氢酶活性也差异显著，且 0～20cm 土层各样地之间土壤过氧化氢酶活性差值比 20～40cm 土层差值高，7 月和 11 月之间土壤过氧化氢酶活性差值最小。

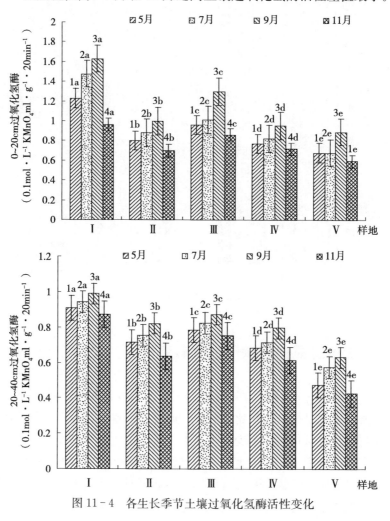

图 11-4　各生长季节土壤过氧化氢酶活性变化

11.2.5 土壤酶活性与土壤物理性质的关系

表 11-1 结果显示，巴山水青冈林 5 个样地 4 种林型 0～40cm 土层 7 月土壤酶活性与物理性质之间相关性较强，土壤容重与蔗糖酶、脲酶、磷酸酶、过氧化氢酶活性之间呈极显著负相关；土壤总孔隙、毛管孔隙、非毛管孔隙、通气孔隙度、初渗系数、稳渗系数与蔗糖酶、脲酶、磷酸酶、过氧化氢酶活性之间呈显著或极显著的正相关；总体上土壤毛管持水量、非毛管持水量与磷酸酶、过氧化氢酶之间呈正相关（毛管持水量与磷酸酶呈显著正相关，$P <$ 0.05）。这说明巴山水青冈成熟林及其天然更新林土壤酶随着土壤容重的增加活性降低。

表 11-1 7 月土壤酶活性与物理性质相关分析

指标	容重	总孔隙	毛管孔隙	非毛管孔隙	通气孔隙度	毛管持水量	非毛管持水量	初渗系数	稳渗系数
蔗糖酶	−0.995 **	0.986 **	0.975 **	0.977 **	0.990 **	0.797	0.728	0.988 **	0.960 **
脲酶	−0.973 **	0.965 **	0.956 *	0.987 **	0.969 **	0.795	0.797	0.949 *	0.994 **
磷酸酶	−0.970 **	0.987 **	0.982 **	0.917 *	0.981 **	0.902 *	0.754	0.988 **	0.913 *
过氧化氢酶	−0.987 **	0.959 **	0.970 **	0.990 **	0.976 **	0.739	0.631	0.973 **	0.934 *

注：*、** 分别表示在 5% 和 1% 的水平上显著。

11.2.6 土壤酶活性与土壤养分含量的关系

土壤酶催化土壤中的一切生物化学反应，直接参与了土壤营养元素的有效化过程，在很大程度上反映了土壤营养物质的储量及其转化程度，对维持土壤生态系统的养分平衡具有重要作用（黄昌勇，2000；陈文新，1990）。因此，土壤肥力（养分）水平在很大程度上受制于土壤酶的作用程度。表 11-2 结果显示，综合看，巴山水青冈林 5 个样地 4 种林型 0～40cm 土层土壤酶活性与养分含量之间相关性较好，除全氮外，土壤碱解氮、铵态氮、硝态氮、全磷、速效磷、全钾和速效钾含量与蔗糖酶、脲酶、磷酸酶、过氧化氢酶活性之间呈显著正相关（$P < 0.05$）。这说明随着巴山水青冈成熟林及其天然更新林土壤酶活性的降低，土壤养分含量也降低（全氮虽然相关性不显著，但仍与土壤酶

活性呈正相关）。

表 11 - 2   土壤酶活性与土壤养分含量相关分析

指标	全氮	碱解氮	铵态氮	硝态氮	全磷	速效磷	全钾	速效钾
蔗糖酶	0.732	0.905*	0.923*	0.944*	0.905*	0.957*	0.990**	0.975**
脲酶	0.776	0.975**	0.897*	0.878*	0.975**	0.910*	0.972**	0.961**
磷酸酶	0.640	0.836*	0.966**	0.996**	0.836*	0.962**	0.968**	0.983**
过氧化氢酶	0.854	0.880*	0.940*	0.919*	0.880*	0.980**	0.989**	0.960**

注：*、** 分别表示在 5% 和 1% 的水平上显著。

11.3   讨论

森林土壤酶（forest soil enzyme）是指土壤中的聚积酶，包括游离酶、胞内酶和胞外酶，实质上是土壤中存在的一类具有催化土壤生物化学反应的蛋白质。土壤酶的活性受很多因素的影响，包括样地植被、气候、土壤类型以及土地利用方式等生物和非生物因素。因此，众多的研究者认为，土壤酶不仅是森林土壤生态系统重要的组成部分，也是衡量森林土壤肥力的重要指标，是森林生态系统中物质循环和能量流动的参与者，是研究森林生态系统结构和功能所必不可少的内容（杨万勤，2006）。

目前的研究普遍认为森林土壤酶主要来源于土壤微生物活动、植物根系分泌物和动植物残体腐解过程中释放的酶，受到生物和非生物环境因素的综合调控（杨万勤，2004a）。土壤中一切的生物化学反应都是在土壤酶催化下完成的，酶活性能够表征土壤碳、氮、磷等养分的循环状况。森林生态系统中几乎所有的有机物质和养分元素循环都是在微生物群落及其分泌的酶的作用下进行的，土壤生态系统的微生物群落的种类、数量、微生物量和酶活性强烈地影响着生态系统碳和养分循环。

大量研究表明，温度是土壤酶活性一个非常重要的影响因子（肖慈英等，2002；Burger J A et al.，1999；杨万勤等，2001）。试验中发现，巴山水青冈林土壤酶活性最高为 9 月，其次是 7 月，气温和低温较低的 11 月酶活性最低。这是由于一方面在温度较高的 7 月和 9 月土壤酶活性高；另一方面土壤酶的活性与土壤微生物密切相关（胡嘉琪等，1996；杨万勤等，2001），在这两个月土壤水热条件好，微生物数量一般明显高于其他时期（肖慈英等，2002），大量的土壤微生物会产生较多的土壤酶。凋落物中含有大量的糖、氨基酸和脂肪酸等易被淋溶且极易分解的化合物，这有利于土壤微生物的活动和繁衍（Harris M M et al.，1996；Stemmer M et al.，1997），产生大量土壤酶。但是随着气温和低温的降低，土壤腐殖质降解减慢，土壤微生物的活性也会降低，相应酶的活性也相应递减。

植物的根系是土壤酶的一个重要来源，根系分泌物能向土壤中释放磷酸酶、蛋白酶、过氧化氢酶以及脲酶等多种酶类，但释放量受植物种类、发育状况和环境条件的影响（关松荫，1986）。土壤酶作为土壤中植物根系及其残体、土壤动物及其遗骸和微生物分泌的、具有生物活性的物质，积极参与土壤发生与发育、土壤肥力的形成、土壤净化等土壤系统中多种重要的代谢过程。土壤酶活性易受到环境中物理、化学和生物因素的影响，在环境污染条件下，其活性会发生很大变化。因此，土壤酶活性在一定程度上可以反映出环境状况，也使得土壤酶学在环境科学研究中的应用成为可能（王友保等，2003）。本研究也发现，土壤酶活性不仅与土壤养分含量之间存在密切的关系，而且土壤酶活性与土壤物理性质之间也存在密切关系。这说明了土壤酶活性的变化能够表征土壤理化性质状况，据此反映出巴山水青冈成熟林更新后林地植被变化对土壤性质的影响情况。

凋落物的分解以及植物的生长动态对土壤酶的活性有着密切的联系。森林凋落物是森林生态系统的重要组成部分，其分解量直接影响森林生态系统中碳、氮、磷、硫等主要元素的循环，同时也与土壤微生物数量和活性有着紧密的联系，因此，森林凋落物的返还量是影响森林生态系统土壤酶活性的重要因素。研究发现，巴山水青冈林型变化对土壤酶的活性变化有着重要的影响，成熟林 I 土壤酶活性最高，而幼龄林则最低，随着巴山水青冈林砍伐时间越晚，其土壤酶活性越低。这主要是因为巴山水青冈天然林经过采伐、天然更新后，由于树种组成、活地被物种类、群落结构、生物多样性等降低，使林下土壤在物理和生化特性方面发生了一系列深刻的变化，部分次生林下土壤的理化性质和生化特性退化，土壤地力衰退，影响植物根系的生长以及凋落物返还量，造成各样地土壤酶的活性也存在显著的差异。成熟林土壤受外界环境影响较小，土壤养分含量及涵养水源的能力较强，土壤酶的活性度也较高。

在土壤生态体系中，各种酶并不是孤立存在，而是密切配合、相互作用的，对土壤肥力的形成和转化起着十分重要的作用。土壤酶积极参与土壤中各种物质的形成和转化，同时，土壤肥力状况又是土壤酶活性的基础。土壤酶和土壤养分作为土壤肥力和土壤环境质量的重要指标，它们之间的关系，对揭示土壤生产力状况，建立良性的生态系统，改善土壤环境质量均具有重要意义（吕国红等，2005）。土壤有机质含量显著影响着土壤酶的活性。土壤有机质的含量并不高，但它能增强土壤孔隙度、通气性和结构性，有显著的缓冲作用和持水力，是微生物、土壤酶和矿物质的有机载体。土壤有机质是土壤中酶促底物的主要供源，是土壤固相中最复杂的系统，也是土壤肥力的主要物质基础。由于土壤酶能被土壤黏粒吸收或与腐殖质分子结合而主要以有机无机复合体的形式存在于土壤中，所以能在很长时间内保持其活性（Busto M D et al.，1995）。Kandeler et al.（1999）的研究表明，土壤木聚糖酶和转化酶活性与土壤粒径密切相关。Rao et al.（2000）也报道，土壤酶主要以酶—无机矿物胶体复合体、酶—腐殖质复合体和酶—有机无机复合体等形式存在于土壤中，土壤黏粒含量和腐殖质含量较高的土壤，酶活性的持续期相对较长。本研究巴山水青冈成熟林土壤有机质含量均明显高于其他 3 个天然更新样地（成熟林Ⅱ受坡度和坡位的较大影响例外），这可能也是导致巴山水青冈林更新后土壤酶活性降低的原因之一。

林分土壤生态系统土壤呼吸作用研究

土壤碳是陆地生态系统中主要的碳库，土壤碳库的微小变化可导致大气 CO_2 浓度的显著变化，进一步加剧气候变化（Schlesinger W H et al.，2000）。森林作为陆地生态系统的主体，具有广泛的分布面积和最高的生产力以及最大的生物量积累，在陆地生态系统碳循环中具有重要的作用（王旭等，2007）。土壤呼吸是指未经扰动的土壤中产生 CO_2 的所有代谢过程，主要包括根系呼吸、土壤微生物和土壤动物的异养呼吸以及土壤矿质化学氧化作用释放的少量 CO_2（Lundegárdh H，1927；方精云等，2007）。土壤呼吸量级可高达生态系统呼吸的 75%，是全球碳循环的主要通量过程（Raich J W et al.，1992）。森林砍伐降低了森林碳蓄积能力，造成土地利用方式和土地覆被的变化，对土壤呼吸作用产生影响（王旭等，2007）。目前对森林土壤呼吸及其影响因子的研究较多，而关于森林皆伐措施对土壤呼吸作用的影响方面研究相对较少。

巴山水青冈是我国特有树种，集中分布在我国西南大巴山区，目前对巴山水青冈林的研究极少（熊莉军等，2007）。本试验拟通过研究米仓山国家森林公园野生巴山水青冈成熟林及其皆伐迹地幼龄林土壤呼吸作用的季节动态和昼夜变化及其与温度的关系，探讨皆伐对森林土壤碳释放模式和强度的影响，为评估巴山水青冈林不同群落土壤碳收支状况提供科学依据。

12.1 研究区概况

试验地点选在米仓山国家森林公园进行，研究区气候概况参见 7.1.1，研究地的坡度在 5°～65°。建立了 2hm² 的研究样地，其中兰沟巴山水青冈成熟林地（N32°39′47.3″，E106°54′48.3″）与巴山水青冈皆伐迹地幼龄林（N32°40′10.1″E106°52′48.1″）各 1hm²。两地环境因子见表 12-1。巴山水青冈原生林样地坡度 5°～60°，林龄 80 年左右，林分为复层结构，巴山水青冈（*Fagus pashanica*）为优势树种，在第一亚层除巴山水青冈外仅有少量的野核桃（*Juglans cathayensis*）和米心水青冈等乔木，平均株高 20m，郁闭度 0.8，林下灌木种类、数量都很少，覆盖度 10%，主要是绣球绣线菊（*Spiraea blumei*）、猫儿刺（*Ilex pernyi*）、荚蒾（*Vibuenum dilatatum*）等植物。林下草本植物稀疏，盖度在 10% 以下。常见种类有丝引苔草（*Carex remotiuscula*）、大叶假冷蕨（*Pseudocystopteris atkinsonii*）、细辛（*Herba asari*）、糙苏（*Phlomis umbrosa*）、升麻（*Cimicifuga foetida*）、过路黄（*Lysimachia christinae*）、双花堇菜（*Viola biflora*）、大叶碎米荠（*Cardamine macrophylla*）、酢浆草（*Oxalis corniculata*）等。

皆伐样地紧邻原生林样地，为原生林皆伐后形成，采伐时林木残体（如枝、叶）部分未被清理，植被自然恢复 14 年，主要由低矮落叶乔灌木组成，主要优势种有：巴山水青冈、桦木、檫木，伴生树种为枫香及槭树科植物等，林下草本层植物较少。

表 12-1　试验地概况

主要因子	巴山水青冈林成熟林	皆伐迹地幼龄林
主要优势植物种类	巴山水青冈，米心水青冈，野核桃	巴山水青冈，桦木，檫木
土壤含水量（%）	17.48	27.62
土壤 pH	5.93	6.03
土壤有机碳（g·kg⁻¹）	56.24	54.30
土壤全氮（mg·kg⁻¹）	3.36	3.12
土壤水解氮（mg·kg⁻¹）	0.15	0.12
碳氮比	16.76	17.38
土壤全磷（mg·kg⁻¹）	40.13	39.87
土壤速效磷（mg·kg⁻¹）	7.29	6.59

12.2 研究方法

12.2.1 土壤呼吸测量方法

在米仓山国家森林公园巴山水青冈林内设置 20m×20m 样方，在样方内随机放置 4 个土壤隔离圈（0.008m²），于生长季节（2007 年 4—11 月）采用美国 Li-cor 公司生产的 LI 6400—09 土壤呼吸室连接到 LI 6400 便携式光合作用测量系统测定。每月进行连续 2d 的土壤呼吸测量，每小时测定一轮，每个测点记录 3 个观测数据，测量时间为 8:00—18:00。

于 2007 年 8 月 13、14 和 15 日测定巴山水青冈样地（成熟林）和皆伐迹地（幼龄林）土壤呼吸作用全天 24h 昼夜变化，每小时观测一次。为了减小安放土壤隔离圈对土壤呼吸速率的影响，在测定土壤呼吸速率的前一周将土壤隔离圈埋入土壤大约 2cm，以减少土壤扰动及根系损伤对测量结果的影响。

12.2.2 环境因子的测量方法

在测定土壤呼吸速率的同时，利用通风干湿表测定近地表空气温度（以下简称地表温度）和湿度。在样方内选择有代表性测定地点，用土壤环刀取样，测得土壤容重和土壤含水量。土壤温度采用便携式光合测定仪（LI-6400）自带的温度检测棒测定。使用前在检测棒下端 5cm 处做一标记，测量温度时将检测棒插入至标记处。

12.2.3 数据处理

采用 Micrisoft Excel 2000 对所得数据进行整理数据，采用 SPSS 13.0 for Windows 统计分析软件对土壤呼吸与土壤温度、近地面温度之间的关系进行统计分析和模型模拟。

12.3 结果与分析

实验中所测得的土壤呼吸是巴山水青冈林地的总土壤呼吸，它包括土壤微生物和土壤动物的异养呼吸、植物根系的自养呼吸和化学氧化过程，但是一般情况下，森林土壤中土壤动物呼吸和化学氧化过程释放的 CO_2 占地表 CO_2 总排放量的比例很小，常不予考虑（周存宇等，2005）。而土壤微生物的异养呼吸和根系的自养呼吸受环境中温度的影响较大。

12.3.1 土壤呼吸速率的季节动态

从 2007 年 4 月下旬到 11 月上旬土壤呼吸速率的测量结果（图 12-1）表明，巴山水青冈林地土壤呼吸作用变化存在明显的季节动态，且为单峰型，即从 4 月开始，土壤呼吸作用逐渐增强，至 8 月土壤呼吸作用达到全年最高，土壤呼吸速率月均值达到 $2.78\mu mol \cdot m^{-2} \cdot s^{-1}$，此后土壤呼吸作用逐渐减弱。样地 11 月下旬至次年 4 月上旬为风雪封盖期，无法进山测量，未能测量出样地内全年土壤呼吸速率的最低值及出现的时间。

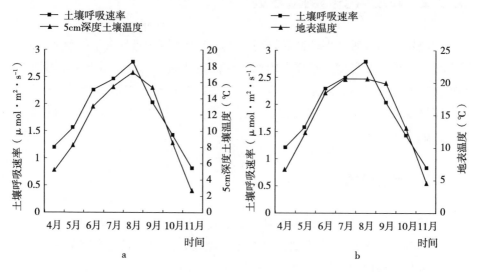

图 12-1 巴山水青冈林土壤呼吸作用季节变化特征及与温度的关系

a. 土壤呼吸速率与 5cm 深度土壤温度季节变化关系　b. 土壤呼吸速率与地表温度季节变化关系

12.3.2 土壤呼吸速率的昼夜变化比较

2007年8月13—15日对巴山水青冈林和皆伐迹地24h土壤呼吸速率的测定结果表明，巴山水青冈林土壤呼吸作用日动态表现为单峰型曲线形式（图12-2至图12-5），一般14:00—15:00土壤呼吸作用最强，而凌晨5:00左右土壤呼吸作用最弱。土壤呼吸作用强弱日变化动态与5cm土壤温度动态一致，而稍滞后于地表温度日变化动态。由于海拔较高，林地内温度昼夜温差变化较大（最高差值达15.1℃），土壤呼吸速率变化幅度也较高（最大差值 $2.7\mu mol \cdot m^{-2} \cdot s^{-1}$）。

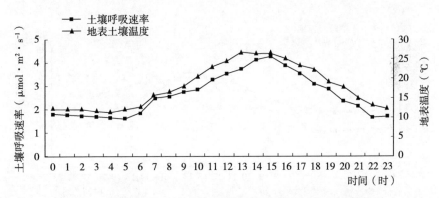

图12-2 林地24h土壤呼吸速率与地表土壤温度的日变化关系

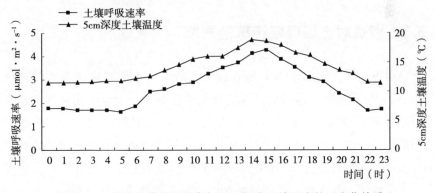

图12-3 林地土壤呼吸速率与5cm深度土壤温度的日变化关系

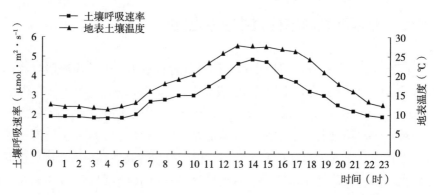

图 12-4 皆伐迹地 24h 土壤呼吸速率与地表土壤温度的日变化关系

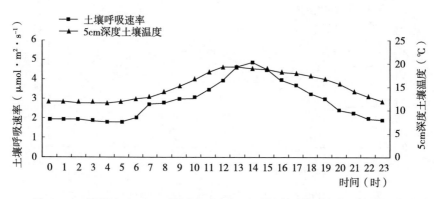

图 12-5 皆伐迹地 24h 土壤呼吸速率与 5cm 深度土壤温度的日变化关系

12.3.3 皆伐对土壤呼吸速率的影响

皆伐对巴山水青冈林生态系统有较大影响。从土壤呼吸速率变化特征看（图 12-6），皆伐迹地土壤呼吸速率日变化幅度高于巴山水青冈林地。皆伐迹地土壤呼吸速率最高值出现在 14：00 左右，而林地出现在 15：00—16：00，最小值都出现在凌晨 5：00 左右；与林地相比，皆伐迹地土壤呼吸速率比林地早约 1h 达到最高峰值，这些差异主要是由于皆伐对原生林土壤温度日动态变化的影响而造成的。在夜晚，皆伐迹地和巴山水青冈林地土壤温度和土壤呼吸速率变化趋势及幅度较接近；而白天，皆伐迹地的温度变化幅度和速度均高于原生林地，相应的土壤呼吸强度变化也更快，且更早达到最高值，随着傍晚的临近，温度和土壤呼吸速率下降速度也加快。2007 年 8 月巴山水青冈皆伐地土壤呼吸速率平均值为 $2.81\mu mol \cdot m^{-2} \cdot s^{-1}$，高于原生林的 $2.63\mu mol \cdot m^{-2} \cdot s^{-1}$。从一定程度上说，经自然恢复后的巴山水青冈皆伐林土壤呼吸速率会高于原生林，从而释放更多的 CO_2 到大气中。

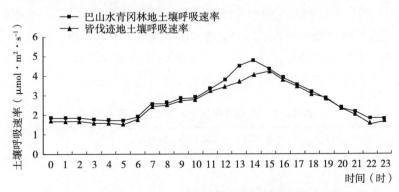

图 12-6 皆伐迹地和巴山水青冈林地土壤呼吸速率日动态比较

12.3.4 土壤呼吸速率与温度的关系

巴山水青冈林及皆伐迹地土壤呼吸速率的季节动态主要受温度和水分的双重影响，日动态则主要受温度的影响，均呈单峰曲线变化（图 12-7）。将巴山水青冈林土壤呼吸速率与 5cm 深度土壤温度和地表温度进行回归分析，结

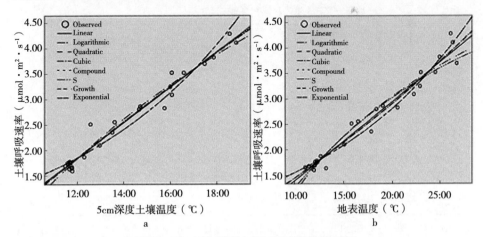

图 12-7 土壤呼吸速率与温度的线性回归

a. 土壤呼吸速率与 5cm 深度土壤温度的回归曲线　b. 土壤呼吸速率与地表土壤温度的回归曲线

果表明，8 种模型模拟结果均显示出温度与土壤呼吸速率极显著相关（$P<$ 0.01）。其中，5cm 深度土壤温度与土壤呼吸速率之间的关系用线性模型模拟效果最好，而地表温度则用指数模型模拟更准确（图 12－7，表 12－2），并且相关性分析表明，土壤呼吸速率与 5cm 深度土壤温度的相关性（$R^2=0.985$，$P<0.01$）高于与地表温度的相关性（$R^2=0.981$，$P<0.01$）。这主要是因为作为土壤总呼吸主要贡献者之一的土壤微生物主要分布在土壤的表层，而且草本和灌木的根系也多分布在 5cm 土层。因此，就地表温度和 5cm 深度土壤温度而言，土壤呼吸速率对 5cm 深度土壤温度变化更为敏感。

表 12－2　土壤呼吸速率与温度的回归方程

序号	回归方程（土壤呼吸速率与 5cm 深度土壤温度）	R^2	P
1	$Y=-2.312\ 389+0.348\ 287\ x$	0.977 81	<0.01
2	$Y=-2.972\ 266\sim0.003\ 129\ x+0.440\ 509\ x^2$	0.967 49	<0.01
3	$Y=0.387\ 567\times1.140\ 077^x$	0.944 41	<0.01
4	$Y=e^{-0.947\ 866}+0.131\ 096^x$	0.944 41	<0.01
5	$Y=-10.673\ 033+5.042\ 706\ \ln x$	0.965 84	<0.01
6	$Y=-2.972\ 266+0.440\ 509\ x-0.003\ 129\ x^2+6.757\ 319\ x^3$	0.967 49	<0.01
7	$Y=e^{2.890\ 382}-27.278\ 691/x$	0.962 97	<0.01
8	$Y=0.387\ 567\ e^{0.131\ 096\ x}$	0.944 41	<0.01
序号	回归方程（土壤呼吸速率与地表温度）	R^2	P
1	$Y=-0.162\ 993+0.155\ 601\ x$	0.962 11	<0.01
2	$Y=0.243\ 254+0.108\ 011\ x+0.001\ 272\ x^2$	0.963 06	<0.01
3	$Y=0.860\ 569\times1.060\ 988^x$	0.959 81	<0.01
4	$Y=e^{-0.150\ 162}+0.059\ 2^x$	0.959 81	<0.01
5	$Y=-5.162\ 181+2.743\ 2\ln x$	0.945 85	<0.01
6	$Y=0.120\ 638+0.130\ 17x-2.636\ 434\ x^2+2.323\ 212\ x^3$	0.963 14	<0.01
7	$Y=e^{1.989\ 664}-17.609\ 459/x$	0.951 64	<0.01
8	$Y=0.860\ 569\ e^{0.059\ 2x}$	0.969 81	<0.01

注：1 代表图 12－7 中的 Linear，2 代表图 12－7 中的 Quadratic，3 代表图 12－7 中的 Compound，4 代表图 12－7 中的 Growth，5 代表图 12－7 中的 Logarithmic，6 代表图 12－7 中的 Cubic，7 代表图 12－7 中的 S，8 代表图 12－7 中的 Exponential。

12.4 讨论

12.4.1 巴山水青冈林土壤呼吸时间变化

影响土壤呼吸速率变化的因素众多（张东秋等，2005；朱宏等，2007），从巴山水青冈林地和皆伐迹地环境特征分析看，影响土壤呼吸速率季节动态变化的主要因素是温度。在米仓山国家森林公园，11月底至次年4月初是冰雪覆盖期，不仅土壤温度低，而且土壤通透性也低，不利于土壤微生物的新陈代谢，也不利于化学氧化过程的进行，这期间土壤呼吸速率最低，但因条件限制无法测定出最低值及出现的具体时间。从5月开始，随着冰雪的融化以及气温的回升，土壤微生物的呼吸增强，各种化学反应也加快，土壤呼吸速率也逐渐升高。到8—9月时，土壤水分充足，温度也达到全年最高期，土壤呼吸速率逐渐增至最高。10—11月，气温逐渐回落，林地进入枯水期，土壤呼吸速率也渐渐降低。因此，巴山水青冈林地土壤呼吸的季节动态呈单峰型曲线变化，这和王旭等（王旭等，2007；牟守国，2004；刘颖等，2005）对林森林土壤呼吸作用的研究结果一致。

在测量土壤呼吸作用日变化期间，巴山水青冈样地的空气湿度以及土壤水分含量、土壤有机质变化很小，巴山水青冈林及皆伐迹地土壤呼吸作用日变化特征主要受温度影响。当温度升高时，土壤微生物活动旺盛，分解能力增强，土壤呼吸速率加快。土壤呼吸作用的变化滞后于地表温度变化与5cm深度土壤温度变化，主要是因为5cm深度土壤温度是受地表温度变化而改变的。这一动态变化规律也类似罗辑等（罗辑等，2000；Xu M et al.，2001）对森林土壤呼吸作用的研究结果。

12.4.2 皆伐对土壤呼吸速率的影响

一般而言，对于处于砍伐后植被尚未恢复或者正处于初步恢复期的森林来说，由于失去乔木层的保护以及植物根系的减少，林地土壤理化性质会发生较大变化，例如土壤温度升高、土壤持水力降低、含水量减少、凋落物分解加快、土壤有机质持续输入能力减弱等（满秀玲等，1997；康文星等，2003；

Yang Y S et al.，2003）。而本研究发现，巴山水青冈林皆伐迹地植被丰富度高于巴山水青冈原生林，5cm 土层的有机质含量和巴山水青冈原生林无明显差异，有些样方土壤有机质含量还高于原生林。巴山水青冈皆伐迹地的土壤呼吸速率与 Striegle 等（1998）对乔木林被皆伐后土壤呼吸速率的研究结果不同，比原生林稍微高一些，并且日变化幅度更高、速度更快，这与杨玉盛等（杨玉盛等，2005）在研究皆伐对杉木人工林土壤呼吸的影响中得到的结论一致。分析其原因可能是，本实验研究的巴山水青冈皆伐迹地是已经经过 14 年植被自然恢复的天然次生林，林地内已有相当数量的巴山水青冈与桦木等先锋树苗组成的优势种群，已经具有一定的水土保持能力。尽管从地面上生物量相比，它和巴山水青冈原生林地仍有较大差距，但其微环境与砍伐初期已有了很大的不同。这次的皆伐迹地处于坡度相对较低的平缓的中坡位，林地内虽然乔木矮小，但植被覆盖度高，表层土植物根系丰富，地面凋落物以及土壤有机质都与巴山水青冈林地没有明显差异。所以，当水量适宜，温度升高时，皆伐迹地的土壤呼吸反而高于巴山水青冈原生林，但是它们的昼夜变化规律相似。

皆伐对森林土壤呼吸所产生的影响可能有三个阶段：第一阶段是砍伐初期，温度快速升高，砍伐遗留的枝条和落叶以及原有的有机质快速分解，这阶段土壤呼吸速率将高于原生林。第二阶段，初步恢复阶段，因失去乔木林冠的保护以及大量植物根系的死亡，土壤微生境发生较大变化，皆伐迹地的土壤呼吸速率将低于原生林。第三阶段，由于原优势种被砍伐，原优势树种苗木与其他树种得以快速生长，皆伐地内的物种丰富度以及表层土的植物根系数量增加，水土保持能力得以恢复甚至超过砍伐前，皆伐迹地土壤呼吸速率达到或者稍微超过原生林（Cordon A M et al.，1987）。我们这次调查的结果就与第三阶段的结果相一致。

参考文献

《中国生物多样性国情研究报告》编写组，1995. 中国生物多样性国情研究报告 [M]. 北京：中国环境科学出版社.

白永飞，李凌浩，黄建辉，等，2001. 内蒙古高原针茅草原植物多样性与植物功能群组成对群落初级生产力稳定性的影响 [J]. 植物学报，43（3）：280-287.

边巴多吉，郭泉水，次柏，等，2004. 西藏冷杉原始林林隙对草本植物和灌木树种多样性的影响 [J]. 应用生态学报，5（2）：191-194.

蔡晓明，2000. 生态系系生态学 [M]. 北京：科学出版社.

曹丽花，赵世伟，2007. 土壤有机碳库的影响因素及调控措施研究进展 [J]. 西北农林科技大学学报（自然科学版），35（3）：177-182，184.

曹同，郭水良，2000. 长白山主要生态系统苔藓植物的多样性研究 [J]. 生物多样性，8（1）：50-59.

陈国菊，吴筱颖，陈日远，等，2000. 遮荫对露地栽培对小鸟花生长及细胞组织结构的影响 [J]. 华南农业大学学报（1）：93-94.

陈金林，潘根兴，吴春林，等，2002. 苏南丘陵森林土壤磷的固定特性研究 [J]. 南京农业大学学报，25（4）：113-115.

陈开伍，2000. 杉木毛竹混交林水源涵养功能的研究 [J]. 福建林学院学报，20（3）：258-261.

陈灵芝，1997. 中国森林生态系统养分循环 [M]. 北京：气象出版社.

陈明智，2002. 菠萝园土壤肥力退化的调查 [J]. 土壤肥料（6）：29-31.

陈全胜，李凌浩，韩兴国，等，2004. 典型温带草原群落土壤呼吸温度敏感性与土壤水分的关系 [J]. 生态学报，24（4）：831-836.

崔凯荣，刘志学，陈克明，等，1993. 石刁柏组织培养中体细胞胚发生的组织细胞学观察 [J]. 西北植物学报，13（3）：203-206.

崔晓阳，1995. 东北森林的土壤潜力 [M]. 哈尔滨：黑龙江教育出版社.

崔玉亭，卢进登，韩纯儒，1997. 集约高效农田生态系统有机物分解及土壤呼吸动态研究［J］. 应用生态学报，8（1）：59-64.

戴伟，白红英，1995. 土壤过氧化氢酶活性及其动力学特征性质的关系［J］. 北京林业大学学报，16（1）：37-40.

杜春先，聂俊华，王介勇，2006. 不同水肥条件下硝态氮在土壤剖面中垂直分布规律研究［J］. 土壤通报，37（2）：278-281.

范叶萍，余让才，郭志华，1998. 遮荫对匙叶天南星生长及光合特性珠影响［J］. 园艺学报（3）：270-274.

方精云，王娓，2007. 作为地下过程的土壤呼吸：我们理解了多少［J］. 植物生态学报，31（3）：345-347.

方精云，刘国华，徐嵩龄，1996b. 我国森林植被的生物量和净生产量［J］. 生态学报，16（5）：497-5081.

方精云，刘国华，徐嵩龄，1996. 中国陆地生态系统的碳库［M］//王庚辰，温玉璞. 温室气体浓度和排放监测及相关过程. 北京：中国环境科学出版社：109-128.

方精云，2000. 全球生态学：气候变化和生态响应［M］. 北京：高等教育出版社.

龚伟，胡庭兴，王景燕，等，2006. 川南天然常绿阔叶林人工更新后枯落物层持水特性研究［J］. 水土保持学报，20（3）：51-55.

关松荫，1986. 土壤酶及其研究方法［M］. 北京：农业出版社.

郭正刚，刘慧霞，孙学刚，等，2003. 白龙江上游地区森林植物群落物种多样性的研究［J］. 植物生态学报，27（3）：388-395.

郭正刚，刘慧霞，王根绪，等，2004. 人类工程对青藏高原北部草地群落 β 多样性的影响［J］. 生态学报，24（2）：384-388.

郭志华，等，1999. 鹅掌楸苗期光合特性的研究［J］. 生态学报，19（2）：164-169.

国家环保总局，1998. 中国生物多样性国情研究报告［M］. 北京：中国环境科学出版社.

韩兴国，李凌浩，黄建辉，1999. 生物地球化学概论［M］. 北京：高等教育出版社：177-185.

何维明，董鸣，2002. 分蘖型克隆植物黍分株和基株对异质养境的等级反应［J］. 生态学报，22（2）：169-175.

何跃军，钟章成，刘济明，等，2005. 石灰岩退化生态系统不同恢复阶段土壤酶活性研究［J］. 应用生态学报，16（6）：1077-1081.

和文祥，孙会明，朱明莪，2003. 汞镉对游离和固定化脲酶活性的影响［J］. 土壤学报，40（6）：946-951.

贺金生，陈伟烈，1997. 陆地植物群落物种多样性的梯度变化特征［J］. 生态学报，17（1）：91-99.

贺金生，刘峰，陈伟烈，等，1999. 神农架地区米心水青冈林和锐齿槲栎林群落干扰历史

及更新策略 [J]. 植物学报，41 (8)：887 - 892.

贺静，胡进耀，杨冬生，2007. 不同生境的巴山水青冈幼苗气孔密度比较研究 [J]. 绵阳师范学院学报，26 (11)：36 - 40.

洪必恭，安树青，1993. 中国水青冈属植物地理分布初探 [J]. 植物学报，35 (3)：229 - 233.

侯扶江，南志标，肖金玉，2002. 重牧退化草地的植被、土壤及其耦合特征 [J]. 应用生态学报，13 (8)：915 - 922.

侯琳，雷瑞德，王得祥，等，2006. 森林生态系统土壤呼吸研究进展 [J]. 土壤通报，37 (3)：589 - 594.

胡嘉琪，梁师文，1996. 黄山植物 [M]. 上海：复旦大学出版社：1 - 40.

黄昌勇，2000. 土壤学 [M]. 北京：中国农业出版社.

黄建辉，1994. 物种多样性的空间格局及其形成机制初探 [J]. 生物多样性，2 (2)：103 - 107.

黄耀，2003. 地气系统碳氮交换：从实验到模型 [M]. 北京：气象出版社.

黄忠良，孔国辉，何道泉，2000. 鼎湖山植物群落多样性的研究 [J]. 生态学报，20 (2)：193 - 198.

黄梓良，2004. 不同更新方式对林地植被生长及土壤性状的影响 [J]. 亚热带植物科学，33 (2)：32 - 35.

吉成均，沈海花，方精云，2002. 基于 RAPD 标记的我国水青冈属植物的分类研究 [J]. 北京大学学报（自然科学版），38 (6)：817 - 821.

贾丙瑞，周广胜，王风玉，等，2004. 放牧与围栏羊草草原生态系统土壤呼吸作用比较 [J]. 应用生态学报，15 (9)：1611 - 1615.

贾守信，梁志广，梁淑兰，等，1984. 长白山北坡原始林采伐对土壤性质影响的研究 [J]. 土壤学报，21 (4)：426 - 433.

姜丽芬，石福臣，王化田，等，2004. 东北地区落叶松人工林的根系呼吸 [J]. 植物生理学通讯，40 (1)：27 - 30.

姜培坤，周国模，徐秋芳，2002. 雷竹高效栽培措施对土壤碳库的影响 [J]. 林业科学，38 (6)：6 - 11.

姜恕，1992. 植物生理生态学的发展动态与任务. 中国生态学发展战略研究（第一集）[M]. 北京：中国经济出版社.

姜志林，1984. 森林生态系统蓄水保土的功能 [J]. 生态学杂志 (6)：58 - 61.

蒋高明，黄银晓，1997. 北京山区辽东栎林土壤释放 CO_2 的模拟实验研究 [J]. 生态学报，11 (5)：477 - 482.

蒋高明，2001. 当前植物生理生态学研究的几个热点问题 [J]. 植物生态学报，25 (5)：514 - 519.

蒋延玲，周广胜，赵敏，等，2005. 长白山阔叶红松林生态系统土壤呼吸作用研究 [J]. 植物生态学报，29（3）：411-414.

康文星，闫文德，2003. 杉木采伐对集水区土壤热状况的影响 [J]，林业科学，39（5）：156-160.

雷波，包维楷，贾渝，等，2004. 不同坡向人工油松幼林下地表苔藓植物层片的物种多样性与结构特征 [J]. 生物多样性，12（4）：410-418.

李东坡，武志杰，陈利军，等，2003. 长期培肥黑土脲酶活性动态变化及其影响因素 [J]. 应用生态学报，14（12）：2208-2212.

李焕芳，张金良，1997. 陕西秦岭自然保护区 GEF 项目简介 [J]. 生物多样性，5（2）：155-156.

李建强，王恒昌，李晓东，等，2003. 基于细胞核 rDNA ITS 片段的水青冈属的分子系统发育 [J]. 武汉植物学研究，21（1）：31-36.

李建强，张敏华，1998. 湖北山毛榉科植物修订 [J]. 武汉植物学研究，16（3）：241-252.

李建强，1996. 论山毛榉科植物的系统发育 [J]. 植物分类学报，34（6）：597-609.

李建强，1996. 山毛榉科的起源和地理分布 [J]. 植物分类学报，34（4）：376-379.

李俊清，吴刚，刘雪萍，1999. 四川南江两种水青冈种群遗传多样性初步研究. 生态学报，19（1）：42-49.

李凌浩，刘先华，陈佐忠，1998. 内蒙古锡林河流域羊草草原生态系统碳素循环的研究 [J]. 植物学报，40（10）：955-961.

马克平，钱迎倩，王晨，1995. 生物多样性研究的现状与发展趋势 [J]. 科学导报（1）：27-30.

马克平，1993. 试论生物多样性的概念 [J]. 生物多样性，1（1）：20-22.

马世骏，1991. 中国生态学发展战略研究 [M]. 北京：中国经济出版社.

梅守荣，1985. 土壤酶活性及其测定 [J]. 上海农业科技（1）：17-18.

莫江明，方运霆，徐国良，等，2005. 鼎湖山苗圃和主要森林土壤 CO_2 排放和 CH_4 吸收对模拟 N 沉降的短期响应 [J]. 生态学报，25（4）：682-690.

牟守国，2004. 温带阔叶林、针叶林和针阔混交林土壤呼吸的比较研究 [J]. 土壤学报，41（4）：564-570.

南京农业大学，1981. 土壤农化分析 [M]. 北京：农业出版社.

钱迎倩，马克平，1994. 生物多样性的原理和方法 [M]. 北京：中国科学技术出版社.

桑卫国，马克平，2002. 暖温带落叶阔叶林碳循环的初步估算 [J]. 植物生态学报，26（5）：543-548.

沙丽清，邓继武，谢克金，等，1998. 西双版纳次生林火烧前后土壤养分变化的研究 [J]. 植物生态学报，22（6）：513-517.

邵月红，潘剑君，许信旺，等，2006. 长白山森林土壤有机碳库大小及周转研究 ［J］. 水土保持学报，20 (6)：99 - 102.

沈标，李顺鹏，赵硕伟，等，1997. 氯苯、对硝基苯酚对土壤生物活性的影响 ［J］. 土壤学报，34 (3)：309 - 314.

宋学贵，胡庭兴，鲜骏仁，等，2007. 川西南常绿阔叶林土壤呼吸及其对氮沉降的响应 ［J］. 水土保持学报，21 (4)：168 - 172，192.

杨钦周，1978. 四川水青冈属一新种 ［J］. 植物分类学报，16 (4)：100 - 101.

杨万勤，王开运，2004. 森林土壤酶的研究进展 ［J］. 林业科学，40 (2)：152 - 158.

杨万勤，张健，胡庭兴，等，2006. 森林土壤生态学 ［M］. 成都：四川科学出版社，278 - 303.

田宇英，2014. 亮叶水青冈落叶阔叶林的群落生态学研究 ［D］. 厦门：厦门大学.

程海，2004. 全球气候突变研究：争论还是行动？［J］. 科学通报，49 (13)：1339 - 1344.

胡进耀，2009. 巴山水青冈（Fagus pashanica）原始林及天然次生林生态学特征研究 ［D］. 成都：四川农业大学.

吴刚，1997. 中国水青冈分布，生长和更新特点 ［J］. 生态学杂志 (4)：48 - 52.

黄成就，张永田，1988. 壳斗科植物摘录（Ⅱ）［J］. 广西植物 (1)：1 - 42.

郑万钧，1983. 中国树木志：第一卷 ［M］. 北京：中国林业出版社.

中国科学院植物研究所，1983. 中国高等植物图鉴 ［M］. 北京：科学出版社.

陈焕镛，黄成就，1998. 中国植物志. 第二十二卷，被子植物门，双子叶植物纲，壳斗科 榆科 马尾树科 ［M］. 北京：科学出版社.

李景文，李俊清，2005. 欧亚大陆水青冈种群遗传多样性对比分析 ［J］. 北京林业大学学报 (5)：1 - 9.

方精云，费松林，赵坤，等，2000. 浙江省水青冈属植物的解剖特征及其分类学意义 ［J］. 北京大学学报（自然科学版）(4)：509 - 516.

方精云，朱江玲，石岳，2018. 生态系统对全球变暖的响应 ［J］. 科学通报，63 (2)：136 - 140.

周浙昆，1999. 壳斗科的地质历史及其系统学和植物地理学意义 ［J］. 植物分类学报 (4)：66 - 82.

木本油料树种：光叶水青冈的调查报告 ［J］. 林业科学，1962 (3)：234 - 236.

朱耿平，乔慧捷，2016. Maxent 模型复杂度对物种潜在分布区预测的影响 ［J］. 生物多样性，24 (10)：118 - 119.

ACOSTA-MARTINEZ V，ZOBECK T M，GILL T E，et al，2003. Enzyme activities and microbial community structure in semiarid agricultural soils ［J］. Biology and fertility of soils，3：216 - 227.

AUBINET M，HEINESCH B，2002. Estimation of the carbon sequestration by a heterogeneous forest: night flux correction, heterogeneity of the site and interanual variability [J]. Global change biol (810): 53 - 107.

COMPS B, GÖMÖRY D, LETOUZEY J, et al, 2001. Diverging Trends Between Heterozygosity and Allelic Richness During Postglacial Colonization in the European Beech [J]. Genetics, 157: 389 - 397.

BADIANE N N Y, CHOTTE J L, PATE E, et al, 2001. Use of soil enzyme activities to monitor soil quality in natural and improved fallows in semi-arid tropical regions [J]. Applied suil ecology, 18 (3): 229 - 238.

BALDOCCHI D D, 2003. Assessing the eddy covariance technique for evaluating carbon dioxide exchange rates of ecosystems: past, present and future [J]. Global change biology, 9: 479 - 492.

BOSSUYT B, HEYN M, HERMY M, 2002. Seed bank and vegetation composition of forest stands of varying age in central Belgium: consequences for regeneration of ancient forest vegetation [J]. Plant ecol. , 162: 33 - 48.

BOWDEN R D, DAVIDSON E, SAVAGE K, et al, 2004. Chronic nitrogen additions reduce total soil respiration and microbial respiration intemperate forest soils at the Harvard forest [J]. Forest ecology and management, 196: 43 - 56.

NIELSEN C B, GROFFMAN P M, HAMBURG S P, et al, 2001. Freezing Effects on Carbon and Nitrogen Cycling in Northern Hardwood Forest Soils [J]. Soil science society of America journal, 65: 1723 - 1730.

WOODCOCK D W, SHIER A D, 2003. Does Canopy Position Affect Wood Specific Gravity in Temperate Forest Trees? [J]. Annals of botany, 91: 529 - 537.

BOER W, KOWALCHUK G, 2001. Nitrification in acid soils: microorganisms and mechanisms [J]. Soil biology & biochemistry, 33: 853 - 866.

DENK T, GRIMM G W, STOEGERER K, et al, 2002. The evolutionary history of Fagusin western Eurasia: Evidence from genes, morphology and the fossil record [J]. Plant syst evol, 232: 213 - 236.

ETHIER G J, LIVINGSTON N J, 2004. On the need to incorporate sensitivity CO_2 transfer conductance into the Farquhar-von Caemmerer-Berry leaf photosynthesis model [J]. Plant, cell & environment, 27: 137 - 153.

FISCHER A J, MESSERSMITH C G, NALEWAJA J D, et al, 2000. Interference between spring cereals and kochia scoparia related to environment and phtotosynthetic pathway [J]. Agronomy journal, 92: 173 - 181.

FRANK W S, 2001. Sulphur and phosphorus transport systems in plants [J]. Plant and soil, 232 (1): 109 - 118.

FRANZLUEBBERS A J, HANEY R L, HONEYCUTT C W, et al, 2001. Climatic influences on active fractions of soil organic matter [J]. Soil biology & biochemistry, 33: 1103 - 1111.

GRUNWALD S, CORSTANJE R, WEINRICH B E, et al, 2006. Spatial Patterns of Labile Forms of Phosphorus in a Subtropical Wetland [J]. Journal of environmental quality, 35 (1): 3782 - 389.

GUO K, WERGER M J A, 2004. Responses of Fagus engleriana Seedlings to Light and Nutrient Availability [J]. Acta botanica sinica, 46 (5): 533 - 541.

HAS R S, 2003. Extension of a Farquhar model for limitations of leaf photosynthesis induced by light environment, phenology and leaf age in grapevines [J]. Functional plant biology, 30: 673 - 687.

WATSON R T, NOBLE I R, BOLIN B, et al, 2000. Land use, land-use change, and forestry: A special report of the IPCC [M]. New York: Cambridge university press.

JOBBERY E G, JACKSON R B, 2000. The vertical distribution soil organic carbon and its relation to climate and vegetation [J]. Ecological applications, 10: 423 - 436.

KALKHAN M A, STOHLGREN T J, 2000. Using multi-scale sampling and spatial cross-correlation to investigate patterns of plant species richness [J]. Environ monitoring assessment, 64: 591 - 605.

KULMATISKI A, VOGT D J, SICCAMA T G, et al, 2004. Landscape determinants of soil carbon and nitrogen storage in southern New England [J]. Soil science society of America journal, 68: 2014 - 2022.

LEE K H, JOSE S, 2003. Soil respiration, fine root production, and microbial biomass in cottonwood and loblolly pine plantations along a nitrogen fertilization gradient [J]. Forest ecology and management, 185: 263 - 273.

LI D J, MO J M, FANG Y T, et al, 2003. Impacts of nitrogen deposition on forest plants [J]. Acta ecologica sinica, 23 (9): 1891 - 1900.

LI F, PAN X H, LIU S Y, et al, 2004. Effect of phosphorus deficiency stress on root morphology and nutrient absorption [J]. Acta agronomica sinica, 30 (5): 438 - 442.

LIAO H, YAN X L, 2000. Adaptive changes and genotypic variation for root architecture of common bean in response to phosphorus deficiency [J]. Acta botanica sinica, 42 (2): 158 - 163.

LIU Y, HAN S J, LI X F, et al, 2004. The contribution of root respiration of Pinuskoraiensis seedlings to total soil respiration under elevated CO_2 concentrations [J]. Journal of forestry research, 15 (3): 187 - 191.

LONG S P, BERNACCHI C J, 2003. Gas exchange measurements, what can they tell us about the underlying limitations to photosynthesis? Procedures and sources of error [J]. Journal of experimental botany, 54: 2393 - 2401.

MARKUS B, MARKUS R, 2003. Ecophysiological relevance of cuticular transpiration of deciduous and evergreen plants in relation to stomatal closure and leaf water potential [J]. Journal of experimental botany, 54 (389): 1941 - 1949.

MARKUS D, DANIEL S, et al, 2000. Yield response of Lolium perenne swards to free air and CO₂ enrichment increased over six years in high-N-input system on fertile soil [J]. Global change biology, 6: 805 - 816.

MEDINA C L, SOUZA R P, MACHADO E C, et al, 2002. Photosynthetic response of citrus grown under reflective aluminized polypropylene shading nets [J]. Scientia horticulturae, 96: 115 - 125.

NAGAIKE T, NAKASHIZUKA K T, 2003. Plant species diversity in abandoned coppice forests in a temperate deciduous forest area of central Japan [J]. Plant ecology, 166: 145 - 156.

LANCHIER N. Ecological succession model [EB/OL]. https://arxiv.org/pdf/math/0306113.pdf.

NOE G B, CHILDERS D L, JONES R D, 2001. Phosphorus biogeochemistry and the impacts of phosphorus enrichment: Why is the Everglades [J]. Unique ecosystems, 4 (7): 603 - 624.

LORENZO O, RODRÍGUEZ D, NICOLÁS G, et al, 2001. A new protein phosphatase 2c (fspp2c1) induced by abscisic acid is specifically expressed in dormant beechnut seeds [J]. Plant physiology, 125 (4): 1949 - 1956.

PANDEY S K, SHUKLA R P, 2003. Plant diversity in managed sal (Shorea robusta Gaertn.) forests of Gorakhpur, India: species composition, regeneration and conservation [J]. Biodiversity and conservation, 12: 2295 - 2319.

PHILLIPS O L, VÁSQUEZ M R, ARROYO L, et al, 2002. Increasing dominance of large lianas in Amazonian forests [J]. Nature, 375: 770 - 774.

PIMM S L, 1994. Biodiversity and the balance of nature [A] //E D Schulze, H A Mooney. Biodiversity and Ecosystem Function [C]. Berlin: Springer Verlag: 347 - 359.

RAO M A, VIOLANTE A, GIANFREDA L, 2000. Interaction of acid phosphatase with clays, organic molecules and organo-mineral complexes: kinetics and stability [J]. Soil biology & biochemistry, 32: 1007 - 1014.

SCHIMEL D, HOUSE J, HIBBARD K, 2001. Recent patterns and mechanisms of carbon exchange by terrestrial ecosystems [J]. Nature, 414: 169 - 172.

SCHLESINGER W H, ANDREWS J A, 2000. Soil respiration and the global carbon cycle

[J]. Biogeochemistry, 48: 7 – 20.

SHEIL D, 2001. Long-term observations of rain forest succession, tree diversity and responses to disturbance [J]. Plant ecol. , 155: 183 – 199.

FISHER S, NICHOLASA N S, SCHEUERMAN P R, 2002. Dendrochemical Analysis of Lead and Calcium in Southern Appalachian American Beech [J]. Journal of environmental quality, 31: 1137 – 1145.

SWAINE M D, LIEBERMAN D, HALL J B, 1990. Structure and dynamics of a tropical dry forest in Ghana [J]. Vegetatio, 88: 31 – 51.

TABARELLI M, MANTOVANI W, 2000. Gap-phase regeneration in atropical montane forest: the effects of gap structure and bamboo species [J]. Plant ecology, 148: 149 – 155.

TESSIER J T, RAYNAL D J, 2003. Use of nitrogen to phosphorus ratios in plant tissue as an indicator of nutrient limitation and nitrogen saturation [J]. Journal of applied ecology, 40: 523 – 534.

THOMAS C D, CAMERON A, GREEN R E, et al, 2004. Climate change and extinction risk [J]. Nature, 427: 145 – 148.

VAN VLIET O P R, FAAIJ A P C, DIEPERINK C, 2003. Forestry projects under the clean development mechanism modeling of the uncertainties in carbon mitigation and related costs of plantation forestry projects [J]. Climatic change, 61: 123 – 156.

BORKEN W, XU Y J, BEESE F, 2004. Leaching of Dissolved Organic Carbon and Carbon Dioxide Emission after Compost Application to Six Nutrient-Depleted Forest Soils [J]. Journal of environmental quality, 33: 89 – 98.

WEST T O, MARLAND G, 2002. A synthesis of carbon sequestration, carbon emission, and net carbon flux from agriculture: comparing tillage practices in the United States [J]. Agriculture ecosystems environment, 91: 217 – 232.

XU M, QI Y, 2001. Soil-surface CO_2 efflux and its spatial and temporal variations in a young ponderosa pine plantation in northern California [J]. Global change biology, 7: 667 – 677.

YANG YS, GUO J F, CHEN G S, et al, 2003. Effects of slash burning on nutrient removal and soil fertility in Chinese fir and evergreen broadleaved forests of mid-subtropical China [J]. Pedosphere, 13: 87 – 96.

YUE T X, LIU J Y, CHEN S Q, et al, 2005. Considerable effects of diversity indices and spatial scales on conclusions relating to ecological diversity [J]. Ecological modelling, 188: 418 – 431.

ZHAO Q, ZENG D H, 2005. Phosphorus cycling in terrestrial ecosystems and its controlling factors [J]. Acta phytoecolgica sinica, 29 (1): 153 - 160.

ZHU B, ALVA A K, 1993. Trace metal and cation transport in a sandy soil with various amendments [J]. Soil science society of America journal, 57: 723 - 727.

ZHU CH Q, RODNEY T, FENG G Q, 2004. China's wood market, trade and the environment [M]. Beijing: Science press USA Inc.

IPCC, 2014. IPCC Fifth Assessment Report (AR5) [M]. Cambridge: Cambridge university press.

BARBER V A, JUDAY G P, FINNEY B P, 2000. Reduced growth of Alaskan white spruce in the twentieth century from temperature-induced drought stress [J]. Nature, 405 (6787): 668 - 673.

BICKFORD D P, SHERIDAN J A, HOWARD S D, 2011. Climate change responses: forgetting frogs, ferns and flies? [J]. Trends in ecology & evolution, 26 (11): 555 - 601.

MACLEAN I M D, WILSON R J, 2011. Recent ecological responses to climate change support predictions of high extinction risk [J]. Proceedings of the national academy of sciences of the United States of America, 108 (30): 12337 - 12342.

VILLORDON A, NJUGUNA W, GICHUKI S, et al, 2006. Using GIS-Based Tools and Distribution Modeling to Determine Sweetpotato Germplasm Exploration and Documentation Priorities in Sub-Saharan Africa [J]. Hort science a publication of the American society for horticultural science, 41 (6): 1377 - 1381.

PHILLIPS S J, ANDERSON R P, SCHAPIRE R E, 2006. Maximum entropy modeling of species geographic distributions [J]. Ecological modelling, 190 (3 - 4): 231 - 259.

PHILLIPS S J, DUDIK M, 2008. Modeling of species distributions with Maxent: new extensions and a comprehensive evaluation [J]. Ecography, 31 (2): 161 - 175.

HIJMANS R J, CAMERON S E, PARRA J L, et al, 2010. Very high resolution interpolated climate surfaces for global land areas [J]. International journal of climatology, 25 (15): 1965 - 1978.

STOCKER T F, QIN D, PLATTNER G K, et al, 2013. Climate Change 2013: The Physical Science Basis. Contribution of Working Group I to the Fifth Assessment Report of the Intergovernmental Panel on Climate Change [J]. Computational geometry, 18 (2): 95 - 123.

YANG X Q, KUSHWAHA S P S, et al, 2013. Maxent modeling for predicting the potential distribution of medicinal plant, Justicia adhatoda L. in Lesser Himalayan foothills [J]. Ecological engineering, 51 (1): 83 - 87.

SWETS J A, 1988. Measuring the accuracy of diagnostic systems [J]. Science, 240 (4857): 1285 - 1293.

HUTCHINSON G E, 1995. The Niche: an Abstractly Inhabited Hyper volume. The Ecological Theatre and the Evolutionary Play [M]. New Haven: Yale University Press.

HERNANDEZ P A, GRAHAM C H, MASTER L L, et al, 2006. The effect of sample size and species characteristics on performance of different species distribution modeling methods [J]. Ecography, 29 (5): 773 – 785.

PEARSON R G, RAXWORTHY C J, NAKAMURA M, et al, 2007. ORIGINAL ARTICLE: Predicting species distributions from small numbers of occurrence records: a test case using cryptic geckos in Madagascar [J]. Journal of biogeography, 34 (1): 102 – 117.

GEBLER A, SCHULTZE M, SCHREMPP S, et al, 1998. Interaction of phloem-translocated amino compounds with nitrate net uptake by the roots of beech (Fagus sylvatica) seedlings [J]. Journal of experimental botany, 49: 1529 – 1537.

致　　谢

本研究是在四川省林业厅科技先导计划重点项目（2006 - 06 - 02）、四川省科技项目（2019YJ0495）、绵阳师范学院硕士点建设经费的资助下完成的。

本研究得到了杨冬生教授、胡庭兴教授、杨万勤教授、操国兴教授的热情指导和帮助。在野外和室内实验过程中，还得到了四川省林业厅李国辉站长、先开丙站长、郭晓军，南江林业局李家荣、景晓宏，大坝林场方晓军工程师、李场长、廖场长，大江口林场，绵阳师范学院吴庆贵、刘雷、杨敬天、邹丽娟、王虹、贺静、李勇威、马月琴、何苗，西南民族大学向莉等提供的帮助，在此一并致谢！因本人水平有限，文中有错漏之处，请批评指正。

胡进耀